U0183480

我的科学年表

唐启升 撰

唐 启 升 简 介

唐启升，男，汉族，1943年12月25日生，辽宁大连人，中共党员，海洋渔业与生态学家、博士生导师、终身研究员。1961年毕业于黄海水产学院，1981—1984年国家公派挪威海洋研究所、美国马里兰大学、华盛顿大学访问学者。现任农业农村部科学技术委员会副主任委员，中国水产科学研究院名誉院长、学术委员会主任，中国水产科学研究院黄海水产研究所名誉所长。曾任中国科学技术协会副主席，中国水产学会理事长，山东省科学技术协会主席，联合国环境规划署顾问，全球环境基金会科学技术顾问团（GEF/STAP）核心成员，北太平洋海洋科学组织（PICES）学术局成员、渔业科学委员会主席等。先后担任国家自然科学基金委员会生命学部和地学部咨询委员会委员、评审组组长，国家科学技术进步奖评审委员会委员、专业评审组组长，国家"863计划"专家委员会委员、领域专家、主题专家组副组长，国家"973计划"项目首席科学家、资源环境领域咨询组组长，中国工程院主席团成员，中国工程院农业、轻纺与环境工程学部常委、农业学部常委等。

长期从事海洋生物资源开发与可持续利用研究，开拓中国海洋生态系统动力学和大海洋生态系研究，参与国际科学计划和实施计划制订，为中国渔业科学与海洋科学多学科交叉和生态系统水平海洋管理与基础研究进入世界先进行列做出突出贡献。在渔业生物学、资源增殖与管理、远洋渔业、养殖生态等方面有多项创新性研究，提出"碳汇渔业""环境友好型水产养殖业""资源养护型捕捞业"等渔业绿色发展新理念。提出"实施海洋强国战略"等院士专家建议10项，促成《中国水生生物资源养护行动纲要》《关于促进海洋渔业持续健康发展的若干意见》《关于加快推进水产养殖业绿色发展的若干意见》等国家有关文件的发布。"我国专属经济区和大陆架海洋生物资源及其栖息环境调查与评估""海湾系统养殖容量与规模化健康养殖技术""渤海渔业增养殖技术研究"等3项成果获国家科学技术进步奖二等奖、"白令海和鄂霍次克海狭鳕渔业信息网络和资源评估调查"获三等奖，另有6项获省部级科技奖励。发表论文和专著350余篇、部。荣获国家有突出贡献中青年专家、全国农业教育科研系统优秀回国留学人员、首届中华农业英才奖、何梁何利科学与技术进步奖、全国杰出专业技术人才奖、国家重点基础研究发展计划（973计划）先进个人、山东省科学技术最高奖、新中国成立60周年"三农"模范人物、全国专业技术人才先进集体等荣誉、称号24项。享受国务院政府特殊津贴。

1999年当选为中国工程院院士。

我的科学年表[①]

  2013 年 12 月 25 日，是我 70 岁的生日，祝贺的喧哗过去之后，我凝望着书架上宋健老院长的《清风岁月》以及几位院士的文集，思绪似乎有些停顿，又浮想联翩……3 年之后，因感冒发烧卧床期间萌生了撰编文集的念头，并想借助"年表"这样一种体裁写个自述，现定名为《我的科学年表》（简称《年表》），纪年又纪事，把科研活动中及其有关的"大事"记录下来，勾勒出我在科学领域的成长过程、重要学术思想和成果的形成轨迹、前进的动力以及重要故事的梗概，也算是对我的科研生涯一个年代式的实况记述和小结。如果这项工作能对年轻的学子成长也有所裨益，那么，这个《年表》就更值得写了。

  2019 年，是我从事科学研究的第 50 年。50 年，要记录的事很多，尽管力求简明、点到为止，但是一旦写出来就舍不得删掉，以致《年表》写多了。为了方便阅读，现做一简单提要：1969—1980 年，主要记录了以黄海鲱鱼为主的渔业生物学和渔业种群动态研究，以及纠结和困惑；1981—1992 年，主要是对新研究方向的探索，记录了在公派挪威、美国访问学习的基础上，通过参与国际大海洋生态系和海洋生态系统动力学等研究活动，海洋生态系统研究学术思想的探索和形成过程；1993—2010 年，主要记录了海洋生态系统研究的实施，包括海洋生态系统动力学过程及动态研究，大海洋生态系变化和适应性管理对策研究，专属经济区、大陆架和公海海洋生物资源调查评估，以及养殖容量和渔业碳汇研究等；2009—2019 年，主要记录了针对国家和产业重大需求及问题，开展渔业和海洋战略咨询研究，推动新理念和产业发展。

---

① 本文原刊于《唐启升文集》上卷，中国农业出版社，2020；文集目录和致谢见附录。

1969—1970 年

1969 年，国内外都发生了许多大事，是一个特殊的年代，而我却突然消沉了，有点莫名其妙，迷茫又困惑，不知所措。或许是祸兮福所倚，这一年也是我成长中喜获"天书"、自主从事科研工作的一年。

困惑中寻路，1969 年

一个风和日丽的春日，我漫不经心地在临海的太平路上闲逛，东张西望，时而看看墙上贴的大字报，时而毫无目的地环视。但是，一缕蓝晶晶的银光却让我定了神，细细看去它来自一辆地排车上渔箱里的新鲜渔获，令我惊讶的是竟不知道是什么鱼？！幸好中国水产科学研究院黄海水产研究所（简称黄海所）的前身是 1946 年开始筹建的中央水产实验所（简称中水所），有比较丰富的文献资料可查。我不仅轻易地查到了这条鱼及其基本情况，还从太平洋西部渔业研究委员会会议论文集以及中水所收藏的朝鲜总督府水产试验场有关报告中了解到过去年代的一些细节，如 1959 年在威海地区出现了大量当年生幼鲱鱼（卡冈诺夫斯基和刘效舜，1962）。它就是世界著名的鲱鱼，广泛分布在北半球，属冷温性鱼类，在太平洋称之为太平洋鲱，在中国俗名为青鱼，分布在黄海。其实，此前我在法国作家巴尔扎克的小说中曾读到过这条鱼，就是工人下班到酒馆来一杯葡萄酒时那碟下酒的腌制鲱鱼，有与鲁迅先生笔下的孔乙己在咸亨酒店一碗绍兴酒一碟茴香豆异曲同工的妙感。可是更令我兴奋的是这条鱼在世界海洋范围内、太平洋甚至黄海都可能有长期波动的历史，即种群数量一个时期很多，一个时期又很少，差别很大，为什么?! 让我甚是好奇，也挑动了探知的神经和欲望。这之后，我又到渔业公司走访了解，知道了这条鱼近 1～2 年的捕捞情况及在黄海的一些分布情况。一个对这条鱼进行调查研究的"计划"慢慢在心中产生了。让我多少有点意外的是：我的想法居然得到了同事们和领导的支持，当时的口号叫"抓革命，促生产"，于是，我就大大方方、全力以赴地"促生产"了。事后媒体称，我一头扎进了黄海鲱鱼的研究之中，开始了为期 12 年、系统的渔业生物学和渔业种群动态研究，事实确实如此。

1970 年 2 月 28 日，我按计划到了威海。此后每年 3 月 1 日前准时到达威海，用一个半月的时间在山东省东端威海至石岛近岸这个大半月形的鲱鱼产卵地收集渔业生物学资料，并进行调访，直到渔汛结束。那时候交通之"简陋"，现在难以想象。威海市区很小，基本上是一条马路几盏灯，公共汽车出市区到了风林不拐弯，要去鲱鱼产卵地海埠和崮山要徒步行走 5～10 公里，去北边的孙家疃要翻过棉花山，没有像样的路可走，南边的荣成县似乎好一点，有自行车可租，尽管经常掉链子，但总比走得快。条件很艰苦，但其乐融融，因收获总是满满的。

其中，鲱鱼重要产卵地调访对后续的深入研究产生了决定性影响。

威海水产局有位热心人对我说，孙家疃有位 85 岁老渔民会看天象，应找找他聊聊。这位老渔民思维清晰、敏捷，和我讲他爷爷或再以前的事，讲 1900 年和 1938 年前后出青鱼的事。"出青鱼年景不好"这句话，以及后来对海埠村捕青鱼有 400 年历史和荣成青鱼滩变迁的了解，都让我联想到气候的长期变化。这些收获决定了我对黄海鲱鱼种群动态研究的科学思路。另外，在调访过程中也了解到渔民的当前需求，如"这条鱼从哪里来的""能待多久"等等，认识到解决这些问题对稳定和发展生产有现实价值，培养了科研服务于渔业和渔民的意识。

我的基础研究工作是从鲱鱼的年轮特征辨别入手的，这时似乎已认识到弄清鲱鱼的年龄对解决生产中的实际问题（如进行渔情预报）和研究种群动态的重要性。这年夏天利用苏联专家在所工作时留下的投影仪设法将鳞片上的轮纹投影到墙上，再手绘下来，以便确认年轮特征以及与伪轮的区别；用水代替甘油在解剖镜下观察耳石第一个年轮与副轮的差别，也要手绘并测距。由于条件有限，很费时，常常是日夜相继。一天，远在莱阳路 37 号的渔捞室谢振宏（后任该室主任）突然到了我办公室（当时正常上班的人并不多），转了两圈，说了一个字"干！"，似乎还握了一下拳头……过了一段时间我才明白：有议论，还好平安无事，感谢好心人在这个"特殊年代"的无形支持。

1969—1970

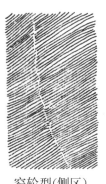   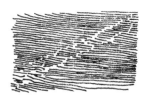

窄轮型(侧区)　　宽轮型(侧区)　　宽轮型(前区)　　宽轮型(双轮)

手绘的鲱鱼鳞片年轮特征，1970 年

1971—1973 年

在黄海渔业指挥部支持下，青岛、烟台、大连三家渔业公司各出一对 250 马力①渔船组成了"调查舰队"，对黄海深水区鲱鱼索饵场和越冬场进行 28 个航次的海上调查。在一次偶发事件中我这个调查组长还当了几分钟的"舰队司令"，一声号令，6 条挂上五星红旗的渔船不改调查航线，燕式排列继续前行，好生威武。这次调查的重要创新点是对 1970 年出生的鲱鱼（一个强盛世代）从一龄开始按月或按季进行了连续两年的跟踪调查，或许这在世界上也是仅有的。我在《黄海重点鱼类调查总结》中执笔完成了《黄海区青鱼的洄游分布及行动规律》一文，对黄海青鱼按月或按季的分布移动规律和昼夜行动规律及其生物学均做了较详细的记述。通过对 1970 年强盛世代的跟踪调查还证实了黄海鲱鱼（青鱼）不出黄海，是土生土长的地方种群，不仅获得了一个科学结论，对稳定和发展黄海鲱鱼渔业生产也有重要的指导意义。

另外，还有件事值得一提：《黄海区鲱鱼年龄的初步观察》一文被标为青岛海洋水产研究所（现黄海所）调查研究报告第 721 号正式刊印了，即 1972 年第 1 个，它不仅是我的科研处女作，也是"文革"以来黄海所正式刊印的第一个研究报告，在青岛也可能是第一个，在那个特殊年代，这不是哪个单位都能做得到的。之后，厦门大学丘书院、张其永等前辈来访时特别称赞了相关工作。1980 年联合国粮食

---

① 1 马力≈735 瓦。

及农业组织（FAO）著名的资源评估和渔业管理专家 John
A. Gulland 教授来华讲学时选用的中国资料，即黄海鲱鱼年龄组成
等，也是由此而来的。

在山东威海—荣成收集鲱鱼渔业生物学资料，1972 年早春

与荣成水产局技术员商讨鲱鱼汛期渔情预报，1972 年

1971—1973

1974 年

国内"批林批孔",政治氛围不算好。而我沉迷于渔业种群三大资源管理理论模型的学习之中,与在中国水产科学研究院南海水产研究所(简称南海所)工作的中国生物学教育家、水产界老前辈、渔业种群数学模型研究先行者费鸿年先生频繁信件往来,请教和研讨。一天,37 号的阿金过来,劈头盖脸一通质问:和他信来信往干什么?!知道他是那什么吗!……我没有马上理解他"提醒"的善意,一句话顶过去:我们的信大家都可以看……费老每次来信信封落款都有"南海所费鸿年"6 个字,很久以后我才知道当时他还在"牛棚"里。那时候,如果没有像阿金这样一些人有意无意的支持,真会有麻烦,有理也不一定能讲清楚,至少不能让我专心地去钻研那些"模型"了,感谢他们。

这一年误打误撞的意外收获是对"逻辑斯谛方程"的学习及其推演。渔业种群三大资源管理模型是欧美渔业科学家经过半个多世纪的探索于 20 世纪 50 年代中后期提出的,它们的理论基础均源于著名的"逻辑斯谛方程",这也是我要重点学习这个方程的原因。学习中,有点急功近利,想当然地企图解开关键参数 K 值(carrying capacity,称为容纳量或承载力)。花了几个月的时间恍然大悟,这个参数几乎无解,无法直接通过推演找出计算 K 值的方法。但是,时间也没有白费,收获是意外的:一是发现应用与 K 值有关的剩余产量模式(三大模型之一)计算最大持续渔获量(MSY)时,用于多种类或一个大海区的评估结果比原来仅用于单种类更准确合理,为此还做了一

1974

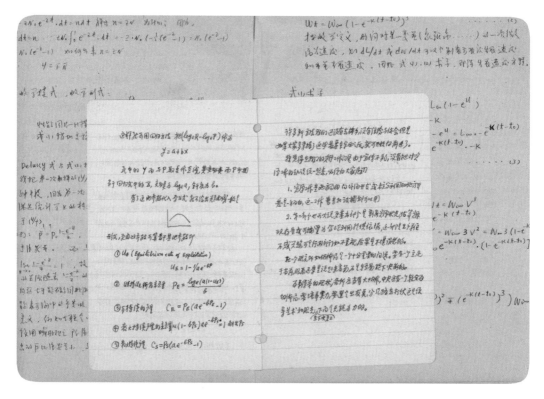

些理论推导，是一个应用上的创新；二是对这个方程有了深入的了解和认识，没想到 20 年后用上了，即在 20 世纪 90 年代中后期推动养殖容量研究和应用时用上了，因 K 值也是养殖容量的理论基础。我非常珍惜这个"特殊年代"的这些意外收获，有的学习笔记保留至今。

渔业种群资源管理理论模型学习笔记与费老先生的回信，1974 年

1974

1975 年

　　所里从日本进口了一个温盐深测量仪，附带的一台计算机引起我很大兴趣。为了能够使用这台计算机，我开始学习计算机基本知识和编程语言，其中 FORTRAN 语言难学难懂，COCOL 语言好一些，比较通俗，为了掌握这项全新的计算技术花费了不少时间学习。

1977 年

夏天，与朱德山、叶昌臣、李昌明一行去南海所计算机大拿周传智那里学习计算机知识和编程。为了学以致用，我也做了充分准备，包括在广州每天喝一碗几分钱的凉茶解暑。这次学习效果极佳，发现计算机 BASIC 语言程序简单易懂，也很实用，回所不久就编制了一些计算工作程序，让"周大拿"十分惊讶。应用新的计算技术显著提高了工作效率，使一些原来不可能的事成为可能，如用 Beverton - Holt 动态综合模式探讨渤海秋汛对虾最佳开捕期，一个设计方案 5 个工作日就有了结果（用的是那台温盐深测量仪附带的计算机，容量只有 8k，需要分解进行，并打出编码纸带），用手摇计算器要摇 3 个月以上才能有结果，对错还不知道。这样，一些想法很容易出结果，收获颇丰，并有意想不到的结果。在应用多元分析探讨渤海对虾世代数量与环境因子相关关系时，得出与黄河径流量呈负相关的结果，十分不解。于是，去请教老领导夏世福先生，一位我很尊重的前辈，他一反常态，劈头就是一句："胡说！……我们说渤海是黄渤海渔业的摇篮，是因为大量营养通过河流入海，怎么会是负相关呢?!"一方面觉得他说的有道理，另一方面又觉得我的计算结果也无法不信，因研究方法和资料都没有查出问题，这个纠结就留在心里了。这期间我已开始着手准备黄海鲱鱼世代数量波动原因研究，也遇到类似解释不通的问题，所以，这个纠结在心里就更大了。

改革开放，全国科学大会的春风吹来了。

黄海所"海带自然光育苗"等 7 项成果获 1978 年全国科学大会奖，1978 年

　　1978 年 10 月，中国水产学会在上海召开全国海洋渔业资源及海洋渔业发展学术讨论会，这是中国水产学会复会后的第一次大型学术讨论会，大家的积极性很高，我将 1974—1977 年间的学习研究体会整理成两篇论文（《黄渤海持续渔获量的初步估算》《渤海秋汛对虾开捕期问题的探讨》）提交会议。几个月后，我收到会议主持人、时任中国水产学会副理事长费鸿年先生来信，说：收回他在会议总结时关

于对黄渤海最大持续渔获量（MSY）那篇文章的说法，因他刚刚在东北大西洋渔业委员会有关报告里看到了类似的用法〔与我的用法应为同期，研究应用者是 Keith M. Brander，后任国际海洋考察理事会（ICES）秘书长〕。我没有参会，不太清楚事情的缘由，可能是因为大家对原用于单种类的剩余产量模式创新应用于多种类或一个大海区不太理解而提出了批评。随后我举行了两次学术报告会，说明理论推导与应用结果，但是，主任刘效舜先生不同意发表，认为黄渤海 MSY 在 107 万～122 万吨的估算太高，应为 60 万吨（指主要经济种类）。刘先生是我渔业生物学研究的引路人，我心中也算坦然，不太在意能否发表，还欣然同意同研究室的孟田湘用这个方法估算渤海 MSY 并发表（后来还有人用这个方法估算东海 MSY 并刊在区划专著上）。若干年后才明白，都没错，只是两个估算值的营养级不同而已，也就是说一个生态系统的渔业 MSY 大小，除了管理目标要求外，还取决于捕捞资源的营养级，或者说在不同获取策略背景下生态系统的渔业 MSY 是不同的，而这一点常常被研究者和管理者忽视。

1979 年，《黄海鲱鱼世代数量波动原因的初步探讨》一文基本完稿，这篇文章从亲体数量和与环境因子关系两个方面进行研究，并试图探明黄海鲱鱼资源长期变动的原因。这是一个十年"三思而后"的结果，很大程度上决定了我此后的种群数量波动或渔业资源变动的认识观，开始关注气候变化对种群数量和渔业的影响。日后有关日美专家赞叹：怎么会联想到?! 中国科学院大气物理研究所所长惊叹道：怎么那么早就想到气候变化。为此，我要感谢威海孙家疃 85 岁老渔民给我的启示，感谢著名气象学家竺可桢先生以及北京大学王绍武教授，他们的杰出研究成果（如五千年气候变迁、旱涝 36 年周期等）为我的研究提供了佐证，还要感谢前辈马世骏先生（中国现代生态学开拓者），我尽可能多地研读了他关于东亚飞蝗的论著，从中获得不少启发，因黄海鲱鱼与东亚飞蝗种群动态特征有不少相似之处。至此，黄海鲱鱼渔业生物学研究的主要内容都涉及了，包括洄游分布、年龄生长、性成熟与繁殖力、种族鉴别、种群动态和渔业预报等，写成了5～6篇重要的文章，有一点沾沾自喜。但是，当静下来，另一种感觉更强烈："怎么越研究越弄不明白了"，有路子越走越窄的感觉。这是我在研究"种群数量波动原因"过程中的真实感受，有许多问题（如变化机制和预测）找不到答案，让我十分困惑。

1979年末，《参考消息》上一则苏联渔船因苏军入侵阿富汗被赶出东白令海陆架美国专属经济区的消息引发了我们中上层鱼类研究组（我时任组长）关于发展白令海狭鳕渔业的讨论，并向渔业主管部门提出相应的开发建议。这个建议当时虽未被采纳，但却引起渴望走出去的产业部门的重视，最终促成了我国第一个大洋性远洋渔业，即白令海公海狭鳕渔业的发展。此事也促使我更多关注世界海洋生物资源，特别是公海或国际水域生物资源及其开发利用。

1980 年

　　改革开放和社会主义现代化的伟大征程，给我带来了新的机遇和更加广阔的天地。竞争中，我通过了外语和专业考试，获得教育部出国访问学者资格。9 月，被分派到上海外国语学院出国集训部学习提高英语，虽然顺利通过了学校的摸底考试和随后不久的全国统一考试，但是过去不在意的发音不准和听力较差等问题在学习中显露出来了，甚至引起有的老师的误会，学习持续到第二年夏天才结束，结果还好。

上海外国语学院学习，1980 年

　　国家要求个人联系出国访问单位，有点曲折。原想到我崇拜的

Gulland 教授那里访学，他很快回了信，说明 FAO 不能接受学员，同时又对我刚刚在《海洋水产研究》创刊号上发表的《黄海鲱鱼的性成熟、生殖力和生长特性研究》一文表示肯定。之后，在厦门大学张其永前辈帮助下，与他的老师、著名鱼类学家顾瑞岩先生联系上了。顾先生刚从美国马里兰大学切萨皮克湾（Chesapeake Bay，简称切湾）生物实验室（CBL）教授的位置上退休，热心而务实，说他的继位者 Brian J. Rothschild 教授是著名的渔业科学家，但要我先寄篇文章给他看看，他在收到黄海鲱鱼生长那篇文章的当天，就为我写了推荐信。后来，又联系到美国华盛顿大学（简称"华大"）林业、渔业、野生生物数量科学中心（CQS），因"华大"还有著名的渔业学校（School of Fisheries），是当时美国唯一能授予渔业博士学位的学校，这样我就拿到了美国两个大学的 IAP－66 入学表格。

1981—1984 年

1981 年 5 月，接到教育部通知，让我去挪威并拿挪威开发合作署奖学金（NORAD Fellow），理由很简单：挪威渔业发达。虽然很不情愿，但 10 月还是去了挪威海洋研究所，最终却促成了我的"环球访学"。开始阶段并不顺利，挪威专家希望我"全面学习"，包括我曾在山东海洋学院（现中国海洋大学）讲过课的内容和大麻哈鱼养殖，安排了 6～7 位联系指导专家，而我则希望"重点学习"。挨了使馆"批评"后，不得已制订了两套访学计划：一套是与挪威专家共同制订的，提纲式学习挪威渔业研究成就的计划；另一套则是我更为关注的，重点学习当时欧洲专家正在探讨的多种类渔业资源评估与模型。在这个过程中，强烈的国家和民族的自尊成了我学习工作的新动力，并关心国家需求，如及时将"如何实现海洋渔业限额捕捞"等渔业管理的新方法、新技术介绍到国内，先后写了 6 个情况报告。我的努力、认真和坚持也赢得了挪威专家的认可和尊重，1982 年 2 月巴伦支海蓝牙鳕资源调查期间，在恶劣的天气条件下我学习掌握了渔业声学资源现场评估方法，运用自编的计算机计算程序，快速算出该年蓝牙鳕数量和分布的评估结果，调查结束后航次首席专家 Terje Monstad 先生在其办公室通过国家电台直接向渔民播报了这些结果，我也从"中国学生"变成了"中国数学家"（算得快一点而已）。一天，著名的渔业声学技术与资源评估专家、我的指导专家之一 Odd Nakken 先生（后来担任了挪威海洋研究所所长）打来电话："这一星期归你了"，好像他也挨了"批评"，我则要求他先指定几篇文章给我看。学习讨论中，我坚持认为他的一个参数假设不合理，几个回合之后，他对我这个"中国学生"的态度有了180度的大转变。有一天，我们一起下楼出大门，到了门口相互谦让并说出了各自让对方先走的好理由："您是先生，请""您是客人，应先走"，我们俩会意一笑，一起走出了大门，与刚到这个所时的一个场景……形成鲜明的对比。

去挪威不久就发现，我在黄海鲱鱼渔业生物学和渔业种群动态研究中产生的困惑也是欧美渔业科学家的困惑，不同的是他们是经历了100多年研究产生的困惑，我才12年，幸运的是我有意无意地踏进了世界渔业科学新研究领域的探索行列中，多种类渔业资源评估与模型研究就是当时解困的一个探索内容，新的动力和新的方向使我倍加努力，无所顾忌。

欧洲北海鲱鱼调查结束返回挪威卑尔根港，1982 年

1982 年 6 月，转赴美国做访问学者的要求被批准，在留学人员中引起一些轰动，一个本来都认为是不可能的"环球访学"计划实现了，可能是挪威海洋研究所要忙于实施"北斗"号调查船建造计划无法顾及我，也可能是我的执着感动了使馆老秦。赴美途中我非常希望能顺访欧洲重要渔业研究机构，这个愿望得到挪威海洋研究所副所长

与挪威海洋研究所副所长 Ole J. Ostvedt 先生话别，1982 年

Ole J. Ostvedt 先生〔后任国际海洋考察理事会（ICES）主席〕的鼎力支持，他不仅为我找差旅费、给访问单位发公函，还主动打电话给美国驻挪威大使馆询问、催促我的签证之事。8 月 18 日后，我先后访问了丹麦渔业和海洋研究所（现为丹麦国家水生资源研究所）、德国联邦渔业研究中心、荷兰渔业调查研究所（现为荷兰瓦格宁根海洋资源与生态系统研究所）等。这次顺访用 3 天的差旅费支撑了 10 多天，非常辛苦，收获却是巨大的。在著名的丹麦渔业和海洋研究所，也是曾经计划去做访问学者的单位，我特意拜访了欧洲多种类数量评估与管理研究学术带头人 Erik Ursin 和 K. P. Andersen 教授。他们热情接待了我，详细介绍并在计算机上演示他们的工作内容。第五天下午，Ursin 教授又用了 2 个小时、一对一地专题介绍他的学术思想和研究模型。结束时，他问道："怎么样？"我居然说："听不懂！""噢……您是对的，我要简化，半年后我会寄一篇新的论文给您。"然后，我们微笑着握手道别。对话简短却耐人寻味，也许这就是科学家之间直白而又"心有灵犀一点通"的心灵对话和碰撞，所谓"听不懂！"，除语言的因素外，主要是对"几百个参数送进模型，产出的结果是什么"有

1981—1984

了疑问。这次拜访对我的学术思想发展有重要意义，虽然还在朦胧之中，但是好像已经意识到在渔业科学领域确有新的方向和内容等待着去探索、去研究。为此，我特别感谢 Ursin 教授，虽然我们再未见过面，但我常会想到他，感谢他，因握手道别那一刻已成为我走向新研究领域的激发点。

1982 年 9 月初，我到了位于美国东海岸所罗门斯的马里兰大学切萨皮克湾生物实验室（CBL），加入 Rothschild 教授的研究团队。Rothschild 教授给了我很大的研究空间，还问要不要读博士学位，我觉得已丢失了一些时间，应抓紧时间多做些实际的研究。在教授提供的 7 个切萨皮克湾渔业种类中，我选择了统计资料时间序列长的蓝蟹，计划研讨蓝蟹种群数量与环境之间的关系。但是，在查阅文献时，却发现 CBL 的六教授之一 Robert E. Ulanowicz 在一篇论文中已有了结论："切萨皮克湾蓝蟹数量与环境因子相关关系不明显"，我十分不解。一天早上，在 CBL 草坪上遇到了他，询问为什么，他却说："我是学工程的，不是生物学家。"这番打趣的话给了我鼓励。我从生物学的角度，以繁殖生命周期为时间单元划分蓝蟹的出生世代，重新统计资料，计算出跨年的世代数量，很快找到了蓝蟹世代数量与环境因子的密切关系，同时也利用我熟悉的种群资源管理理论模型评估蓝蟹的渔业问题，编了计算工作程序，得到一些很好的研究结果，为CBL 完成了两篇蓝蟹研究报告，CBL 的同事也称赞道：你做了我们一直想做而没人做的事，当地媒体还来采访报道过。另外，我还应邀作为国外专家参与了 CBL 新主任的遴选活动。这时期，我又想起在黄海鲱鱼和渤海对虾种群动态研究时遇到的问题和纠结，并产生了将环境因子添加到传统的"Ricker 型亲体与补充量关系理论模式"的想法。这期间工作非常努力，一个大动力是"国家拿出 1 万美元让我出来学习，应该抓住机会，做出点成绩"，探索研究也到了"冥思苦想"的地步，体重降到 120 斤①以下（被戏称人瘦得就剩下两只眼睛还有精神了）。1983 年 2 月，一天夜里两点钟，我突然从床上跳起来跑到地下室计算机房，将"按住 Ricker 模式变化较小的参数 b，研究变化较大的参数 a"的数学解决办法急忙输入计算机，演示结果令人兴奋和满意，找到了解决"线性关系与非线性关系交织在一起"等复杂问题的办法，虽不完美，但是一种把复杂问题简单化的解决办法。实际上，这件事的思考已经不是一天两天了，而是想了多年，是从鲱鱼种群动态研究和被夏世福先生"训斥"开始的，这天夜里终于有了一个结果。这样，就成功地将环境影响因子添加到亲体与补充量关系定量研究中，发展了不同环境条件下 Ricker 型亲体与补充量关系理论模式，使其从稳态模型升华为动态模型，论文初稿形成后得到 CBL 的 Rothschild 教授、Ulanowicz 教授、Edward D. Houde 教授，FAO 的 Gulland 教授和 Serge M. Garcia 博士等顶级专家的高度肯定。Gulland教授还特意提醒我，"参数 b 也是个变量"，一方面我感谢他

美国马里兰大学切萨皮克湾生物实验室（CBL），1982 年圣诞夜

①　1 斤＝0.5 千克。

的提醒，另一方面也感到鼓舞，因他实际上认可了我"按住"变化较小的参数 b 的处理办法。环境对补充量（种群动态）定量影响研究的成功，也使我探讨新领域的研究向前迈出了一大步。

马里兰大学校园，1983 年

1983 年 7 月，我再次说服了使馆留学人员管理负责人，顺利转入位于美国西海岸西雅图的华盛顿大学数量科学中心（CQS）及渔业学校访学，Rothschild 教授还特意关照他的学生、美国阿拉斯加渔业中心资源生态学和渔业管理研究室副主任 Loh‑Lee Low 博士为我西雅图访学提供方便。"华大"丰富的文献资料和良好的学术氛围使我能够更加全面地了解渔业科学及海洋科学领域的新发展，能够静下心来总结环地球一圈的学习研究心得体会[1]，这也是婉拒 CQS 主任 Vincent F. Gallucci 教授要我去周五港湾（Friday Harbour）实验室工作的主要原因。这时，我的注意力开始向海洋生态系统聚焦，注意到 1981 年出版的《海洋渔业生态系统——定量评价与管理》一书，

---

[1] 收集文献资料近 30 册，撰写情况和研究报告 10 余篇。

虽然我觉得有点名不符实，但它使我最终意识到生态系统研究将是渔业科学一个新的研究领域和重要的发展方向。因此，在1984年回国后，我便立项开展黄海渔业生态系的研究，并在1985—1986年实施了海上调查，从此也开启了我的大海洋之梦。

华盛顿大学图书馆广场（红场），1983年

与"华大"数量科学中心（CQS）主任Gallucci教授等，1984年

研究成果《环境引起补充量变化的 Ricker 型亲体与补充量关系修改模型：以切萨皮克湾蓝蟹渔业为例》一文在荷兰发表[1]，引起国际同行广泛兴趣，索文踊跃，14 个国家、64 人要求寄送论文单行本，国内外著名专家普遍认为"代表了渔业科学一个重要领域新的、有用的贡献"。这是世界上首次将环境影响因子嵌入渔业种群动态理论模型中，提出不同环境条件下的一组 Ricker 型亲体与补充量关系模式，为定量环境因素如何影响亲体与补充量关系找到了一个解决方案。Rothschild 教授不仅将这项新成果写进他的专著中，还在 2011 年国际海洋考察理事会年会期间向 Sherman 等老友介绍："唐在 CBL 发表了一篇非常有名的文章。"但是，与环境有关的补充量模型研究进展缓慢，1997 年美国加州大学 Kevin Higgins 等在《科学》杂志发文[2]，利用北美太平洋沿岸 8 个地点黄道蟹数量资料和建立的随机动态模式，提出种群密度与环境共同影响种群数量，这与我的研究结论如出一辙，21 世纪初还有日本研究生以我的 Ricker 修改模型为依据完成他的博士论文并向我鞠躬致意，该方面研究至今尚无更大突破。对个人来说，"不同环境条件下的一组亲体与补充量关系模式"研究

① Tang QS. Modification of the Ricker stock recruitment model of account for environmentally induced variation in recruitment with particular reference of the blue crab fishery in Chesapeake Bay. Fisheries Research (Netherlands)，1985（3）：15-27.

② Higgins K，et al. Stochastic dynamics and deterministic skeletons：population behavior of dungeness crab. Science，1997（276）：1431-1435.

使我更加关注环境因素影响及其新研究领域的发展，是我走向海洋生态系统研究的加速剂。

6月，刘恬敬所长找我谈话，要我担任资源室副主任，"我有思想准备"这句回应的话让刘所长多少有点吃惊，我也没有解释，因心里的想法很简单：国家拿了1万美元让我出去学习，现在学成归来，应报效国家，该有担当。从此，我的科研生涯多了一项在管理方面的新挑战。

这一年最重要的事是11月底随中国渔业管理代表团访美。这次访问是实施中美海洋和渔业科技合作计划的一项安排，历时24天，走遍了美国东、南、西海岸主要渔业管理和科研机构，包括三所大学和两个企业，共计19个单位。虽然是"走马观花"式访问，但对美国渔业资源评估、管理、养护状况和研究有了更多、更全面的了解，建立了许多联系，对我的"环球访学"是个重要补充，对我的学术发展也有重要影响。访问的第一站是位于美国东北岸的伍兹霍尔（Woods Hole）村，世界著名的海洋科学中心，包括美国东北渔业（科学）中心（NEFC，后改称为NEFSC，建于1791年）、海洋生物学实验室（MBL，建于1888年；曾有40位诺贝尔奖获得者工作过）、伍兹霍尔海洋研究所（WHOI，成立于1930年）以及美国地质调查局分部（成立于1974年；负责东部及南部海域）。其中，NEFC生态学研究室和Narragasett实验室主任Kenneth Sherman教授为我们组织了一整天的学术报告，介绍他提出不久的大海洋生态系（lager marine ecosystems，LME）概念。晚上，教授躺在他家里的地毯上，我席地而坐介绍黄海调查，他突然坐了起来，"您怎么做的和我是一样的！"，我也有同感。从此，我们一拍即合，结下了不解之缘，相互尊重，相互支持，共同推动LME的发展，为实现生态系统水平的海洋管理，合作至今。这次访问更加坚定了我探索海洋生态系统的决心。

1985

在 LME 概念提出者 Sherman 教授家中做客，1985 年

中国渔业管理代表团在阿拉斯加，1985 年

1987 年

年初，应邀参加美国科学促进会（AAAS）年会。AAAS年会是美国一年一度的科学盛会，研讨专题广泛新颖，从基础科学到裁军共100多个，以美国科学家为主，国际科学家人数不多。我参加 Sherman 教授负责的专题，荣幸地成为年会 946 个专题报告人中唯一的炎黄子孙，报告了"黄海生态系统生物量变化"。我的报告引起与会者极大兴趣，美国夏威夷大学东西方中心 Joseph Morgan 教授当即邀请我参加6月在夏威夷举办的"黄海跨国管理和合作可能性国际大会"并做报告，表明大海洋生态系评估与管理研究已在美国科学界引起重视。

"黄海跨国管理和合作可能性国际大会"专家合影，夏威夷，1987 年

20 世纪 50 年代以来，我国有关研究机构对近海主要渔业经济种类进行了系统的渔业生物学研究，有较好的科学积累，为此，这一年我发起《海洋渔业生物学》专著编写工作。为了使专著有较高权威性，联系了各个主要种类研究的学术带头人或主要参与者撰写，共有 16 位专家参加，包括带鱼、小黄鱼、大黄鱼、绿鳍马面鲀、黄海鲱、蓝点马鲛、鲐、鳀、蓝圆鲹、对虾、毛虾、海蜇、曼氏无针乌贼等 13 个种类，专著请邓景耀、赵传絪二位主持，我负责渔业生物学研究方法概述和黄海鲱两章撰写及全书的编审。该专著于 1997 年获得农业部科学技术进步奖二等奖。

1987 年，被聘任为《中国农业百科全书·水产卷》水产资源分支副主编，这是我收到的第一个学术聘书。这段工作经历很有意义，让我长了不少知识，也为近年主持《中国大百科全书·渔业学科》和《中国农业百科全书·渔业卷》积累了经验，使我能够提出在 IT 时代百科撰写应突破传统的条目金字塔式结构、突出条目综合性的见解。

1988 年

　　这一年，经厦门大学丘书院先生推荐被国家自然科学基金委员会聘为评审专家，先后参与生命学部和地学部项目评审及咨询工作，前后长达 20 多年，付出很多，收获更多，特别是使我在日后开展的一些综合性、战略性研究中受益。

　　从 1988 年起，我先后参加中日渔业、美苏日波韩中六国白令海狭鳕渔业以及中韩渔业政府间谈判多年，这是科研生涯中一个独特的经历。作为"后排就座"的技术专家，深刻认识到厚实的调查资料和科学研究对掌握谈判话语权的重要性。

中日渔业谈判，1988 年

中日渔业委员会第十三次会议中国代表团，1989 年

参观日本栽培渔业（海洋牧场）陆基设施，1989 年

参加第四次白令海公海资源保护与管理会议，美国国务院，1992 年

参加第六次白令海公海资源保护与管理会议，美国国务院外，1993 年

1988

中韩渔业协定专家级会谈，1995 年

1990 年

　　10月，第五次大海洋生态系学术会议（后称第一届全球大海洋生态系大会）在摩纳哥召开，会议规格很高，摩纳哥国家元首兰尼埃三世亲王（H. S. H. Prince Rainier Ⅲ）担任大会主席，研究者、管理者和媒体记者等200多人参加会议，有大海洋生态系概念从美国走向世界的重要意义，预示大海洋生态系将成为海洋专属经济区资源保护和管理的科学基础，全球海洋管理和研究的新单元。1993年，美国《科学》杂志以"大海洋生态系压力、缓解和可持续性"为封面主题报道了大会成果[①]，昭示科学界的广泛认同。

应摩纳哥国家元首兰尼埃三世亲王邀请赴王宫做客，1990年

---

　　① Sherman K，Alexander LM，Gold BD（eds.），Large marine ecosystem：stress，mitigation，and sustainability. AAAS Press，Washington D. C.，USA，1993.

　　我是大会 30 位特邀报告人之一，并应亲王之请到王宫做客，报告题目为"长期扰动对黄海大海洋生态系生物量影响"[①]。大会推动者和执行人 Sherman 教授对我的文章给予极高的评价：是对大海洋生态系方法能够成为近海海洋产出和服务可持续发展全球运动的一个主要贡献。另外，我还向大会提出黄海大海洋生态系国际立项的建议。在 Sherman 教授的大力支持下，经过长达十余年的不懈努力，最终促成了由全球环境基金会（GEF）和联合国开发计划署（UNDP）共同支持的"减轻黄海大海洋生态系环境压力"项目在 2005 年立项和实施。这些活动使我国成为最早介入大海洋生态系研究和应用的国家之一，创造性地推进了大海洋生态系概念发展，也奠定了我国大海洋生态系概念应用的科学基础。其主要研究和成果表现在：积极开展大海洋生态系特征和变化原因的研究；积极推动大海洋生态系监测及应用技术的研究；积极实施大海洋生态管理体制的可行性研究，探讨生态系统水平的适应性管理对策。

　　这次大会将"压力""缓解"和"可持续性"作为大海洋生态系研究发展的关键词，其中"mitigation"（缓解，还有缓和、减轻之意）一词的使用引起我的注意和深思。当大海洋生态系面对"压力"，又一时解决不了时，用"mitigation"是一个明智的选项，一个现实主义的选择。当我联想到此前"我的困惑"或"世界的困惑"，也许这就是人们有了经历之后，一种新的解决问题的方式，一种新的科学思维，自此我开始关注生态系统水平的适应性管理对策研究发展并探讨其应用。

---

① Tang QS. The effect of long‐term physical and biological perturbations of the Yellow Sea ecosystem. In：Sherman K，Alexander LM，Gold BD（eds.），Large marine ecosystem：stress，mitigation，and sustainability，79-93. AAAS Press，Washington D. C.，USA，1993.

1991—1992 年

　　经时任国际科学联合会理事会海洋研究科学委员会（ICSU/SCOR）委员苏纪兰教授推荐，于 1991 年进入全球海洋生态系统动力学科学指导委员会（SCOR‑IOC GLOBEC/SSC）。1992 年初参加 GLOBEC/SSC 首次国际计划会议时，惊奇地发现委员会主席竟是我在美国马里兰大学 CBL 的教授 Rothschild，这时也明白了：20 世纪 80 年代初，教授主持的幼鱼生态学研讨和我对补充量模型与环境的研究，都是为探索海洋生态学研究新方向做准备。全球海洋生态系统动力学（GLOBEC）是 20 世纪 80 年代中后期为了应对全球变化逐渐形成的新学科领域，致力于海洋生态系统中物理化学过程与生物过程相互作用研究，是渔业科学与海洋科学交叉发展起来的新学科领域，是一项具有重要应用价值的基础研究，也是海洋可持续发展的重要科学基础。1995 年，国际地圈生物圈计划（IGBP）在地球系统科学框架下将 GLOBEC 确认为全球变化研究 8 个核心计划之一。作为国际 GLOBEC 科学指导委员会委员，我第一阶段的任期长达 8 年（1991—1998 年），直接参与国际 GLOBEC 科学计划和实施计划的制订，使我较早地认识到这个新学科领域的科学内涵和意义，对我的海洋生态系统研究学术思想的形成有至关重要的影响。国际 GLOBEC 科学计划和实施计划分别于 1997 年和 1999 年正式发表，在研讨制订过程中，也使我对中国开展 GLOBEC 研究的重点和策略有了想法。

　　在参与国际 GLOBEC 科学计划和实施计划制订过程中，对全球变化研究有了较多的认识和理解，也注意到 adaptive（适应性的）或

国际 GLOBEC 科学计划与实施计划

adaptation（适应）的使用。它与前面提到的大海洋生态系研究发展关键词 mitigation 异曲同工，显然是应对全球变化的一种现代科学思维和管理策略。通过对 mitigation 和 adaptive 两个词的特别关注，坚定了我此后若干年里致力于探讨生态系统水平的适应性管理对策的决心和努力，事实上它们也是适应性管理对策的科学基础。

1991—1992

1993 年

　　为了对北太平洋狭鳕保护与管理做出实质性贡献并在谈判中争取话语权，在农业部以及六大渔业公司支持下，我主动请缨，率领"北斗"号科学调查船赴白令海海盆区、鄂霍次克海国际水域进行狭鳕资源声学评估调查研究。白令海海盆区水深 3 000 米以上，夏季阿留申低压近乎消失，但变天时仍然风急浪大，在这样的恶劣条件下工作需要有"一不怕苦，二不怕死"的精神，对科学意志也是个磨炼。在调查评估过程中，发现 100 米水层声学回声映像十分密集，经过大家多次讨论，无法判别是何物。虽然这不是预定的调查任务，但是责任心和探知欲使我们不言放弃。经过几天对拖网取样的仔细观察，发现上网后网线间夹带不少太平洋磷虾等小生物，随后又经过与船长"艰苦"的商讨，决定直接采用大拖网取样，因心中有一个设想：拖网网目虽大但网快被拖上船之前应该近似一个布袋，若能利用好"北斗"号的先进仪器装备，做到"精准"取样，就一定能取到目标物。果然，第一网即获得 4 公斤[①]当年生幼鱼样品，包括 5 个渔业经济种类，其中鱼体长度 3～5 公分[②]的狭鳕占绝对多数。随即调整了原来的调查计划，进行了连续 7 天的跟踪调查，获得了首次发现的、完整的狭鳕等当年生幼鱼在白令海海盆和公海区分布及其数量的宝贵资料。2 个多月后，在六国"白令海公海资源保护与管理大会"上，当美国代表团团长说白令海公海没有狭鳕幼鱼时，我方团长当即公示了我们的调查结果，

---

　　① 　1公斤＝1千克。
　　② 　1公分＝1厘米。

让美方有些意外。会间休息时，发生了一个有趣的花絮：波兰、韩国和日本等国家专家跑过来直接与后排就座的我握手致谢，显然大家（包括中、波、韩、日捕捞国家和沿岸国家美国、俄罗斯）都明白了：在公海深水区发现当年生幼鱼意味着捕捞国家在那里有捕捞的主权，一个重要的科学发现在维护国家权益的国际谈判中发挥了关键作用。

白令海公海狭鳕渔业声学映像现场判读，1993 年

阿留申群岛避风，同"北斗"号船长吕明和，1993 年

狭鳕渔业声学资源评估国际研讨会，1994 年

1993

　　我的一篇介绍全球海洋生态系统动力学（GLOBEC）发展动向的文章[①]引起国家自然科学基金委员会地球科学部常务副主任林海教授的高度重视，亲自起草了战略研究申请书，显然 GLOBEC 正是他在寻找的跨学部的"大科学问题"。于是，我受地球科学部和生命科学部委托主持"我国海洋生态系统动力学发展战略研究"，1995 年形成战略研究报告[②③]，确定了中国 GLOBEC 以近海陆架为主等与国际计划有所不同的发展思路，明确了海洋生态系统研究由三个基本部分组成的学术思想［即理论（GLOBEC）＋观测（调查评估）＋应用（LME）］，组织了来自物理海洋、化学海洋、生物海洋、渔业海洋等学科领域专家学者和青年才俊的多学科交叉研究队伍。战略研究结果符合"发展综合学科，提出大科学问题"的要求，1996 年国家自然科学基金委员会以高票将 GLOBEC 列为"九五"优先领域。在重大项目立项过程中，我坚持了两件事：先从渤海入手，毕竟我们的研究基础较薄弱，渤海相对较小、可用的资料多一些，GLOBEC/SSC 主席 Rothschild 教授支持我的想法并提醒我，地点不在大小，关键是

---

　　① 唐启升. 正在发展的全球海洋生态系统动态研究计划. 海洋科学，1993，86（2）：21－23［地球科学进展，1993，8（4）：62－65（选登）］。

　　② 唐启升，林海，苏纪兰，王荣，洪华生，冯士笮，范元炳，陆仲康，杜生明，王辉，邓景耀，孟田湘. 我国海洋生态系统动力学发展战略研究. 我国海洋生态系统动力学发展战略研究小组研究报告，国家自然科学基金委员会地球科学部/生命科学部，1995。

　　③ 唐启升，范元炳，林海. 中国海洋生态系统动力学发展战略初探. 地球科学进展，1996，11（2）：160－168。

用 GLOBEC 思想指导研究；邀请苏纪兰院士共同主持，以便更好地组织多学科交叉研究队伍开展研究。国家自然科学基金重大项目"渤海生态系统动力学与生物资源持续利用"（1997—2000 年）作为第一个 GLOBEC 研究国家项目（后称为中国 GLOBEC Ⅰ），探讨渤海海洋生态系统的结构、生物生产及动态变化规律，首次将中国海洋生态系统与生物资源变动的研究深入到过程与机制的水平，为全球海洋生态系统动力学提供了一个半封闭陆架浅海生态系统研究的实验实例，为后续研究打下了基础。

10 月，主办《环太平洋 LME 国际学术会议》，侧重于评估、可持续和管理，使大海洋生态系方法在太平洋国家得到广泛应用，也获得更多关于大海洋生态系研究的新认知。与 Sherman 教授共同主编这次会议的国际专著，并再次向 GEF 提出黄海大海洋生态系国际立项的建议。

环太平洋 LME 学术会议专家，1994 年

　　这一年还有件重要事是 6 月被任命为黄海所所长。当所长第三天，财务人员向我报告："7 月份工资还差 3 万元。"很无奈，只身进了京。一周后，我在北京西单中国水产总公司远洋三部对熟人说："年底老唐跳楼了，没有别的原因，就是发不出工资了。"大概是穷则思变，10 月份工作思路就厘清了，提出"以科研为本"的发展目标，号召大家找问题立项目，虽然这项举措与当时社会潮流有点倒行逆施，但领导班子意见一致，也得到了院领导的支持和大家响应。

　　11 月，被农业部任命为中国水产科学研究院第一副院长。

钱志林院长与新一届领导班子成员讨论发展规划，1995 年

1995 年

　　3月1日，我在全所职工大会开场白中讲道：今天是我们95年度开始工作的第十天，有的同志说上班以后有一种喜气洋洋的感觉，这是一个好兆头，说明全所职工以新的精神面貌来迎接95年度的工作，有信心做好95年度的工作。事实上，我心中并不踏实。5月，农业部水产司科技处李振雄处长到所调研，2天后到了我办公室说："哼，黄海所一个个牛的，不和我说钱的事，只说应该干什么，计划做什么……"他的前一句话把我吓了一跳，后一句话让我心中的石头落了地。这时，我充分认识到"正确引导"对调动积极性、推动发展和解决问题的重要性。此后十几年的所长任职中，我努力做好政策性和方向性"引导"，让大家主动发挥他们的潜能。

　　苏纪兰院士一个传真把我叫到北京，参加中国科学院地学部与科技部社会发展科技司和高新技术司的"海洋座谈会"。有趣的是他没有说要我讲什么，我也没有问我应讲什么，但是，会上三次被点名，三次发言，共计13分钟，却推动了一个500万元关于养殖容量的"九五"攻关项目立项，这个结果我自己也没想到。产生这样一个结果应有两方面的原因：一是在黄海所"以科研为本"的重启发动中，我注意到方建光（后任养殖生态室主任）1993年从加拿大带回来的养殖容量营养动力学研究方法的重要性，而我对这个问题的认识又得益于1974年对种群增长逻辑斯谛方程 K 值（即容量）的学习研究；二是在刚完成的"八五"国家攻关课题"渤海渔业增养殖技术研究"中发现，要解决好当前生产中存在的问题必须加强生态学基础以及配套技术研究。因此，我提出"九五"我国大规模海水养殖关键技术的攻关点应该是充分认识水域的容纳量。项目分别由黄海所、中国科学院海洋研究所、国家海洋局第一海洋研究所（简称海洋局一所，现为自然资源部第一海洋研究所）和青岛海洋大学（现中国海洋大学）组织实施，实施区域包括海湾、浅海、池塘等不同养殖系统，从而促成养殖容量研究与示范在我国沿海各地迅速展开，为我国规模化健康海水养殖和可持续发展提供了重要科学依据和技术支撑，而养殖容量至今仍是水产养殖绿色发展的关键词。

调研养殖扇贝大量死亡原因，1999 年

7 月，为了适应形势发展的需求和加快人才培养，在一个座谈会上鼓励年轻人向前再走一步，读更高一个级别的学位。会后育种室有硕士学位的于佳跟到我办公室，"所长，您讲话当真"，我似乎头也没有回："本所长从不说瞎话"，几天后就听说她在联系读博士学位之

贝类养殖容量关键参数——滤水率模拟现场测定，1999 年

事，到 8 月已有 16 人报名攻读博士或硕士学位，令人高兴。这项举措不仅增强了"以科研为本"的硬实力，同时也为后来不断发展的联合培养研究生制度奠定了基础。同月，黄海所被国家科学技术委员会确认为"改革与发展重点研究所"，翌年被农业部评为"基础研究十强"，把黄海所建成"适应新经济体系的、现代化的、国家级的海洋渔业科技创新中心"成为我们的奋斗目标。

10 月，承办第四届北太平洋海洋科学组织（PICES）年会。

年底，赴中南海紫光阁参加姜春云副总理召集的农业专家座谈会，为了保障供给、脱贫致富、维护海洋权益，提出"进一步加快渔业发展、制定新政策、保证科技进步"等 3 条建议。

主持 PICES 渔业科学委员会学术讨论会，1995 年

1995

1996 年

　　《我国专属经济区和大陆架勘测》专项开始实施，我负责《海洋生物资源补充调查及资源评价》项目（126－02），首次对我国专属经济区和大陆架生物资源及其栖息环境进行大面积同步调查评估，包括黄渤海、东海、南海海域，由中国水产科学研究院黄海所、东海所、南海所科研人员和具备世界先进调查装备的"北斗"号调查船执行。由于我国海域生物资源具有种类多、数量小、混栖等特点，开始阶段在选择适当的调查技术与方法等方面意见并不统一。经过不断地研讨和实践，特别是在开发应用声学技术评估多种类资源取得成功基础上，实施多种评估方法集成，形成全水层海洋生物资源评估技术，对1 200多个种类的生物量进行评估，避免了以往根据单一方法所产生的片面认识，实现了调查技术的跨越发展，比较真实地反映资源状况。该项目调查总面积达到230万平方公里，声学总航程记录15万公里，采集到的调查数据近225万个，建立了海量数据库，实现了成果的系统集成，出版专著8部、图集12部，成为我国迄今为止内容最丰富、最全面的海洋生物资源与栖息环境论著和专业技术图件，为中-韩、中-日、中-越等国家海洋划界和渔业谈判，为实施海洋生物资源保护和渔业管理做出了重要贡献，也使中国海域生物资源的声学评估技术有了进一步发展和广泛应用，在多种类生物量评估方面处于国际领先水平。对个人来说，这是实践海洋生态系统研究的三个基本部分的重要一环，即理论（GLOBEC）＋观测（调查评估）＋应用（LME），对深入研究和认识海洋生态系统有重要意义。

126－02海洋勘测生物资源专项调查启航式，同船长话别，1997 年

126－02项目负责人审核调查总结，2004 年

126-02项目调查成果，2006年

1996

接受央视采访，谈海洋生物资源调查与渔业管理，2005年

科技部开始启动国家高技术研究发展计划（简称"863 计划"或"863"），被聘为海洋生物技术专家组副组长，之后又被聘为"863"资源与环境领域专家和国家"863 计划"专家委员会委员，做"863"专家前后长达 20 年。同做"基金"专家一样，有许多新的知识需要学习和探究，如对天然产物资源和海洋酶的关注，有付出也有收获，是我科研生涯中一个重要而有意义的经历。

考察挪威养殖育苗设施，1999 年

青岛海洋大学李冠国教授要求我出面筹建海洋生态学会。李先生是我海洋生态学的启蒙老师，听他的课轻松有趣，另外海洋生态学是海洋科学的薄弱部分，建立一个以海洋生态学为主的新学会、助力新学科发展也是不容我推脱的责任。由于需要解决一些实际问题，如妥

"863"专家检查对虾种虾培育及育苗项目，2000 年

1996

调研贝类育苗设施研发，2001 年

向全国人民代表大会常务委员会副委员长周光召院士介绍海洋酶研发，2002 年

调研对虾苗种培育及设施，2005 年

"863"成果展，2001 年

善处理好李先生曾负责的中国生态学会专业分会的有关问题，以海洋生态学为主的青岛市生态学会于 1999 年才获准正式成立，这个学术交流平台活跃至今。

11 月，经申报和评估，黄海所新建重点实验室被农业部命名为"农业部海水增养殖病害与生态重点开放实验室"，这是黄海所首个部级重点实验室，后更名为"农业部海洋渔业资源可持续利用开放实验室"。在随后举办的揭牌仪式上，我曾豪言"要把三个字变成两个字"，即把实验室级别"由农业部提升为国家"作为我们新的奋斗目标，期望通过平台建设来提升研究水平。

这一年还参加了一系列重要的国际会议及活动，包括国际 GLOBEC 科学指导委员会会议、国际 GLOBEC 区域计划发展会议、第五届 PICES 年会等，并与 Sherman 教授会面。

GLOBEC SCIENTIFIC STEERING COMMITTEE MEETING
The John's Hopkins University, Baltimore, 11-13 November 1996

Left to right: Dag Aksnes, Eileen Hoffman, Jarl-Ove Stromberg, Ian Perry, Tom Powell, Svein Sundby, Tommy Dickey, Brian J. Rothschild, Jurgen Alheit, Brad de Young, Roger Harris, Ole Henrik Haslund, John Hunter, Qisheng Tang, Allan Robinson, Keith Brander, Neil Swanberg, Tsutomu Ikeda, Elizabeth Gross.

全球海洋生态系统动力学科学指导委员会（IGBP GLOBEC/SSC）委员，1996 年

参加 PICES/GLOBEC 区域计划（CCCC）研讨，1996 年

与 Sherman 教授讨论世界 LME 研究与发展，1996 年

PICES 科学局首届成员及部分候任成员与 PICES 主席、秘书长等，1996 年

年初，应邀参加美国科学促进会（AAAS）年会，研讨大海洋生态系保护与管理，再次成为年会 1 048 个专题报告人中唯一的炎黄子孙。这一年夏天，联合国教科文组织政府间海洋学委员会（UNESCO/IOC）大海洋生态系咨询委员会成立，担任委员并参与年会研讨（至 2014 年）。

10 月底，参加中共中央组织部第八期党员专家邓小平理论研究班学习。

联合国教科文组织政府间海洋学委员会（UNESCO/IOC）
LME 咨询委员会第 6 次会议，2004 年

LME 咨询委员会第 16 次会议，2014 年

1998—1999 年

1998 年，科技部启动实施国家重点基础研究发展计划（简称
"973 计划"或"973"），中国 GLOBEC 成为第一个进入香山终审答
辩的海洋项目，项目最终虽未能通过，但被列为 10 个培植项目之一。
"培植工作"，我们做得非常认真，召开了多轮研讨会，针对项目设计
方案实施了试验性海上调查，提出近海生态系统动力学拟解决的 6 个
关键科学问题，形成中国 GLOBEC 第一本专著并获奖①。这时，国
家自然科学基金委员会重大项目（中国 GLOBEC Ⅰ）还在进行中，
那么，为什么还要急于申报"973"呢？因为我心中坚持认为"基金
重大"还不够大，并决定说出来。若干年后才知道，当时主要评审专
家也有同我类似的看法，也看好项目申报的科学研究基础。所以，感
谢"973"为中国 GLOBEC 提供了更宽更广的研究天地，也为我的
大海洋之梦提供了更大的遐想空间。

1999 年，"东、黄海生态系统动力学与生物资源可持续利用"
（简称 973-Ⅰ、中国 GLOBEC Ⅱ）项目顺利通过"973"答辩。经过
研究团队各个专业专家的努力工作，2004 年项目圆满完成，获得多
项重大成果，包括：构建我国近海生态系统动力学理论体系基本框
架；阐明高营养层次营养动力学特征及生物生产过程、中华哲水蚤度
夏机制、物理过程对鳀鱼两个关键生活阶段的生态作用、生源要素在

---

① 唐启升，苏纪兰，等．中国海洋生态系统动力学研究：Ⅰ关键科学问题与研究发展
战略．北京：科学出版社，2000（中国水产学会 40 年庆专著类唯一一等奖）。

重要界面的交换与循环过程等重要动力学特征和机制。这些成果不仅使项目被评为优秀，首席科学家被评为"973 计划"先进个人，更重要的是中国 GLOBEC 在世界 GLOBEC 科学前沿领域占据了显著的一席之地，通过研究实践对 GLOBEC 有了更加深入的认识。

中国全球海洋生态系统动力学（GLOBEC）发展研讨，1998 年

973 - I 培植项目（东黄海 GLOBEC）研讨会，1998 年

与学术骨干讨论"北斗"号海上调查重点，2000 年

"北斗"号 973-Ⅰ航次调查人员，2001 年

1998—1999

研讨海上调查策略，2002 年

同苏纪兰院士等物理海洋学家讨论鳀鱼卵子分布移动与动力学，2002 年

在项目实施过程中，作为首席科学家，除了负责整体组织、协调和研讨外，更多地关注了海洋高营养层次重要资源种类营养动力学研究，提出研究策略[1]，组织团队对重要种类开展实验研究。这项研究从基金重大项目时就开始了，但开始阶段很不顺利，实验鱼很容易死掉，这个情况我还在 1997 年 GLOBEC/SSC 会议上报告过。三年后有了突破，先后对 21 个种类的生态转换效率及影响因素进行实验研究，成果可喜，发表了一批来之不易的论文，成为国际 GLOBEC 相关研究的最新进展。突出的成果是发现"鱼类生态转换效率与营养级之间存在负相关关系"，它不仅首次通过实验生物学证实二者之间的理论关系，为著名海洋学者 John H. Steele（美国伍兹霍尔海洋研究所原所长，有"国际海洋科学界的学术领袖"之称）关于"鱼幼小时捕捞，渔业产量会增加"的论断（1974）提供了理论依据，而且还有重要的实际应用价值。这个重要发现为探讨生态系统水平的适应性海洋管理对策提供了新的科学依据，如据此提出了海洋生物资源开发的"非顶层获取策略"。该策略直接否定了国际上"根据捕捞削减营养级，断定海洋渔业开发方式是不可持续的"[2] 认识的全面性，证实了在捕捞资源衰退的背景下大力发展以贝藻为主的海水养殖是适应我国国情的发展模式。因为中国海水养殖是一个典型的低投入（投饵少或不投饵）、高产出（营养层次低）的产业，是一个"非顶层获取策略"实践的成功实例。

---

① 唐启升. 海洋食物网与高营养层次营养动力学研究策略. 海洋水产研究，1999，20（2）：1-6。

② Pauly D，Christensen V，Dalsgaard J，Froese R and Torres FC Jr. Fishing down marine food web. Science，1998（279）：860-863.

鱼类营养动力学室内实验，1997 年

考察韩国釜山渔市场活体饲养情况，1997 年

鱼类营养动力学"北斗"号现场实验，2000 年

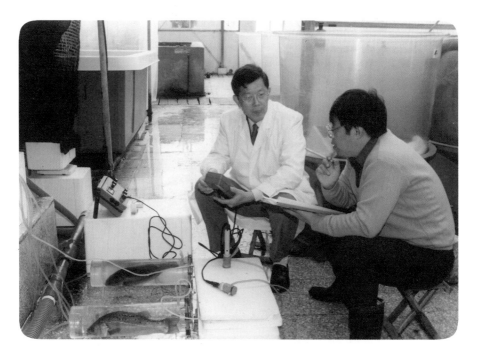

室内受控条件下测定鲈鱼标准代谢，2003 年

1998—1999

参加捕捞生态效应国际学术会议，1999 年

1999 年金秋时节，我当选为中国工程院院士。

2000 年

第一次参加院士大会，农业、轻纺与环境工程学部会议要每位新科院士讲一句话，我说的是："让百姓吃上更多更好的鱼。"自此，它也成为我大海洋之梦更加具体的追求目标和动力。

参与《中华人民共和国渔业法修正案》讨论，坚决支持将"限额捕捞"写进新的《中华人民共和国渔业法》，也希望多年的追梦能在国家法律文本中有所体现。作为农业和海洋领域专家，应科技部基础研究司邀请参加《国家重点基础研究发展规划》"十五"计划研讨，组织有关专家编写海洋生物资源方面材料。

向中国水产科学研究院新任院长提出了建设"国家海洋生物资源库"建议，这是在做"863"专家过程中产生的想法，认为：海洋生物产业发展很快，科技平台支撑薄弱，不利于可持续发展。显然，建设资源库是一个来自产业和科技发展的重大需求，但是，由于需要的资金相对较大，一直被搁置，直到 2006 年时任农业部计划司司长杨坚同志调研"大项目"时，经提醒和确认，这个"建议"才进入议事日程。经过上上下下艰苦努力，2019 年"资源库"大楼终于在黄海所竣工了。这件事以及经历的其他一些事，让我深切感受到"好事多磨"的时间含义，有时十年还磨不成一剑，需要坚定信念，坚持不懈，不断地努力和奋斗才能做出结果，做成事。

7 月，海洋局一所所长袁业立院士突然来访，称国家计划建设 10 个科学中心，海洋列在首位……袁院士来访让我想起 1995 年北太平洋海洋科学组织（PICES）第四届年会在青岛召开期间，《青岛日报》

记者与我的对话："PICES 主席 Wooster 教授说青岛是世界 4～5 个海洋科学中心之一，对吗？""世界四大海洋科学组织的负责人他全担任过，有权威性，从体量上看他说的没有错，但从质量看就不是了。"因此，"提高青岛海洋科学研究总体水平"就成为留在我心中的一个问题和目标。显然"建中心"是个机遇，有助于"提高"，于是我们决定找管华诗院士商量，我们仨人很快达成共识，应该积极推动这件事。9 月 24 日，我代表袁、管二位去科技部沟通，询问如何推动这个中心的建设，基础研究司彭以祺处长等建议我们以青岛四个主要海洋科教机构法人名义共同推动这件事。2001 年初基础研究司邵立勤副司长来青岛召开座谈会，从而开启了青岛海洋国家实验室筹建序幕，又一件"好事多磨"的大事也从此开始了。

年底，青岛高级专家协会成立，任会长，直到 2019 年。这是青岛市高层次、多学科的"专家之家"，汇集了众多优秀人才，旨在为"科教兴市"发挥作用，是一个富有生命力的社会团体，很受重视和欢迎。

2001 年

　　应邀参加全国农业科技大会，获"全国农业科技先进工作者"表彰，江泽民、朱镕基等中央领导亲切接见与会代表并合影。

　　与赵法箴院士一起向国务院副总理温家宝同志建议"加强海洋渔业资源调查和渔业管理"，直接指出偌大一个国家，海洋只有一艘渔业调查船，科学资料积累太少，无法为"限额捕捞"国家目标提供足够的科学依据等问题。温总理高度重视，在"建议"多处标出下划线，并做出重要批示，强调要重视和加强海洋渔业资源调查、渔业产业结构调整等。批示迅速落实，最直接的效果是"南锋"号渔业科学调查船问世，适时地在西沙群岛海域首航，为"渔权即海权""科技兴海"等战略实施做出了重要贡献。

考察挪威海洋所新 G. O. Sars 号调查船，1999 年

参观冰岛渔业资源调查船，2001 年

中国 GLOBEC Ⅰ项目结题，顺利通过专家评审验收，随后出版中国 GLOBEC 第二本专著，报道了渤海生态系统动力学过程研究成果①。

6月，当选为中国水产学会第七届理事会理事长，随即着手准备在北京召开的 2002 年世界水产养殖大会，担任大会科学指导委员会（WAC/SSC）副主席和中方组委会主席。

经遴选，"农业部海洋渔业资源可持续利用开放实验室"参加科技部委托国家自然科学基金委员会对生命科学实验室的评估，参评实验室包括 33 个国家重点实验室和 23 个部门开放实验室，本室评估排序为第 27 名，名列 19 个国家重点实验室之前。这个结果应是对黄海所为科研平台建设和团队建设所做努力的肯定，是坚持"以科研为

---

① 苏纪兰，唐启升，等．中国海洋生态系统动力学研究：Ⅱ渤海生态系统动力学过程．北京：科学出版社，2002。

WAC 科学指导委员会成员工作会议后合影，2001 年

本"的必然结果，作为实验室主任，和大家一样备受鼓舞。

接受国家重点实验室评估，2001 年

联合 18 位院士专家提出"尽快制定国家行动计划，切实保护水生生物资源，有效遏制水域生态荒漠化"的建议，国务院副总理温家宝对此做了重要批示，促成 2006 年国务院发布《中国水生生物资源养护行动纲要》（简称《纲要》）。该《纲要》是中国第一个生物资源养护行动实施计划，它不仅对中国水生生物资源养护工作有划时代的意义，也推动渔业和渔业科学发展进入一个新阶段。《纲要》的直接成果使已经历 20 多年实践的我国渔业资源增殖（增殖渔业或海洋牧场）事业发展进入跨越式发展新阶段，使资源增殖成为渔业发展的新业态、渔业科学研究的新热点。

《中国水生生物资源养护行动纲要》新闻发布会暨贯彻实施座谈会，2006 年

渔业资源增殖放流，2011 年

在国际海洋考察理事会（ICES）年会上介绍中国渔业资源增殖放流情况，2011 年

"GLOBEC 第二届国际开放科学大会"在中国青岛召开，这次大会被多个国际科学组织称为是"GLOBEC 发展的重要里程碑"。中国GLOBEC 表现十分活跃，赢得承办权，众多显示新调查研究成果的展板上会，与美国和法国一样，有 4 篇论文被国际专家组选入会议专辑①，展示了中国 GLOBEC 研究在世界海洋科学前沿领域的重要地位。我组织有关专家以渤海生态系统各营养层次生产力的多年调查资料为主，探讨生态系统生产力年代际变化及其控制机制，发现传统理论难以单一地套用于渤海实际，于是提出生态系统生产力受多控制因素综合作用的认识②。这个新认识为确认生态系统不确定性、渔业资源恢复是一个复杂而缓慢的过程和探索生态系统水平的适应性管理对策提供了重要的理论依据。会后我再次当选国际 GLOBEC 科学指导委员会委员。

在 GLOBEC 第二届国际开放科学大会上做主旨报告：介绍中国 GLOBEC 进展，2002 年

① Harris R，Barange M，Werner C，Tang QS. GLOBEC special issue：foreword. Fisheries Oceanography，2003，12（4/5）：221 - 222.

② Tang QS，Jin XS，Wang J，et al. Decadal - scale variation of ecosystem productivity and control mechanisms in the Bohai Sea. Fisheries Oceanography，2003，12（4/5）：223 - 233.

与 GLOBEC/SSC 首任主席 Rothschild 教授和加拿大太平洋生物站
原站长 Beamish 博士交流，2002 年

2002

与三任 GLOBEC/SSC 主席，2002 年

国际 GLOBEC/SSC 委员，2003 年

承办第十一届北太平洋海洋科学组织（PICES）年会，代表中国官方在年会开幕式致辞。

第十一届 PICES 年会致辞，2002 年

2002

与 PICES 主席 Wooster 教授，2002 年

与 PICES 美国代表、阿拉斯加渔业大学校长 Alexander 教授，2002 年

与阿拉斯加渔业科学中心主任 Aron 博士等美日专家，2002 年

与渔业科学家讨论，2002 年

这一年还与 Sherman 教授等在《科学》杂志发文[①]，评述 LME 研究在促进海洋可持续科学发展中的重要意义，进一步推动大海洋生态系研究和应用在世界和中国的发展。

中共中央原常委宋平来黄海所视察时，特别汇报介绍了海洋酶研发情况。

2002

---

① Ajayi T，Sherman K，Tang QS. Support of marine sustainability science. Science，2002，297 (5582)：772.

　　国务院启动《国家中长期科学和技术发展规划（2006—2020）》战略研究，温家宝总理任大组长，我有幸被科技部聘为"能源、资源与海洋"和"农业"两个专题组"研究骨干"，是与海洋有关的两个"研究骨干"之一，具体负责海洋生物资源科技发展战略研讨。我深感责任重大，非常认真地组织本领域的顶级专家，直面问题，寻找对策，最终提出了实施"蓝色海洋食物发展计划"建议，基本思路是：贯彻养护海洋生物资源及其环境、拓展海洋生物资源开发利用领域和加强海洋高技术应用的发展战略，重点推动现代海洋渔业发展体系和蓝色海洋食物科技支撑体系建设，保障海洋生物资源可持续利用与生态系统协调发展，推进海洋生物产业由"产量型"向"质量效益型"和"负责任型"的战略转移，为全面建设小康社会提供更多营养、健康、优质的蛋白质，保证食物安全。为了使"拓展"战略有明确的目标，将自 1995 年以来我对海洋生物资源概念的思考和探讨做了小结，提出海洋生物资源应包括群体资源、遗传资源和产物资源三个部分的新概念，三个部分分别对应捕捞业、养殖业和新生物产业，扭转了过去说海洋生物资源仅指第一部分或前两部分的认识。从基本概念开始拓展，使产业发展有更加开阔的空间，这里说的"产物资源"是为了对应"资源"前两部分用词而对天然产物资源的简称。有专家认为"十三五"重点研发计划的"蓝色粮仓"专项是根据"蓝色海洋食物发展计划"而来，从发展目标和研究内容看确实如此。参加这项工作还有一个意外的收获：对中国和世界海洋生物资源有了进一步、深刻的认识，开始特别关注南极磷虾资源，对中国而言它是战略资源，也是能够在大洋公海体现国家权益的目标，促使我在此后十余年中致力于南极磷虾资源开发及其产业化发展的战略研究。

2014 年有幸再次被科技部邀请，作为总体组专家参加《国家中长期科学和技术发展规划（2006—2020）》中期评估，回顾过去，展望未来，让我们对中国科学和技术在新时代的新发展充满了信心。2019 年，国家启动新一轮《国家中长期科学和技术发展规划（2021—2035）》战略研究，被聘为"海洋领域面向 2035 年的中长期科技规划战略研究"专家组副组长，令我兴奋和激动，作为一个科技工作者能够参与两轮国家中长期规划战略研究是值得庆幸和骄傲的，也是我对国家科学事业发展的一份有意义的贡献。

这一年，关于大海洋生态系概念科学性的讨论有了结果。讨论是由著名海洋学者 Alan R. Longhurst 的质疑引起的，他是《海洋生态地理学》专著的作者，认为大海洋生态系不是一个生态学单元，最后讨论以一篇以 Longhurst 和 Sherman 均为其中作者的文章而告终①。从讨论一开始我自然就站在 Sherman 教授一边②，不仅因为自 1985年我就加入了推动大海洋生态系发展的国际大团队，而且也源于 20世纪 80 年代初对欧美渔业科学家关于 population 和 stock 两个术语使用争论的思考。我认为那是两个领域的术语，二者不应直接比较，

---

① Watson R，Pauly D，Christensen V，Froese R，Longhurst A，Platt T，Sathyen-dranath S，Sherman K，O'Reilty J and Celone P. Mapping fisheries onto marine ecosystem for regional，oceanic and global. In：Hempel G，Sherman K（eds.）. Large Marine Ecosystem of the World：Trends in exploitation，protection and research. Elsevier Science，Amsterdam，The Netherlands，2003：121 - 144.

② Sherman K，Ajayi T，Anang E，Cury P，Diaz - de - Leon AJ，Freon MP，Hardman - Mountford J，Ibe CA，Koranteng KA，McGlade J，Nauen CC，Pauly D，Scheren PAGM，Skjoldal HR，Tang QS，Zabi SG. Suitability of the large marine ecosystem concept. Fisheries Research，2003（64）：197 - 204.

如 population 指的种群，是一个生物学或生态学术语，它的上两级是群落和生态系统，下两级是群体和个体等，而这里的 stock 不是种群之下的那个群体，常作为"资源"的专业术语使用，如资源评估，用 stock assessment，不用 resources assessment，所以 stock 是一个资源评估和管理领域的术语，它可以是一个大区域适合同时评估和管理的几个生物种群，也可以是有特殊需要的种群之下的一个群体，如产卵群体等。同样的道理，大海洋生态系是海洋生物资源及其环境评估和管理单元，与生态地理学划区不完全相同。这场讨论之后，大海洋生态系概念被一些大科学组织普遍认可并作为一个管理单元使用，如全球环境基金会（GEF）、国际环境问题科学委员会（SCOPE）等，Sherman 教授也因提出这个概念获得大奖。在这个过程中，我深刻感受到，对学术争论应以科学的态度和基本事实对待之，既不盲从，也不要信口开河。

年底，国家人事部下发通知：批准 320 个单位设立博士后科研工作站，黄海所位列其中。设立博士后工作站对黄海所团队建设、人才培养至关重要，影响深远，这里要特别感谢国家海洋局第二海洋研究所（现自然资源部第二海洋研究所）原所长张海生，是他为我们提供了最初的信息和有关建议。

2004—2006 年

973 - Ⅰ进入项目结题阶段，虽然有人说，一个"973"让我老了10岁。辛苦是肯定的，但是为了推动一个新学科领域的发展，仍然义无反顾地积极准备申报 973 - Ⅱ。为此我组织了一次香山科学会议，讨论中国 GLOBEC 下一阶段的研究重点。同时这期间也发生了一些事，促使我们认真思考，评估中国近海生态系统发展方向、应用出口和落地点，从而使未来发展更加明确和坚定。

忙于"973"、GLOBEC、LME 与所长工作，2002 年

主持香山科学会议第 228 次讨论会：陆架边缘海生态系统与
生物地球化学过程，2004 年

2004 年 5 月，与苏纪兰院士和张经教授共同主持香山科学会议
第 228 次学术讨论会，特别邀请了国际 IGBP 与海洋有关的两个核心
计划 GLOBEC 和 IMBER（海洋生物地球化学与生态系统综合研究）
的科学指导委员会主席 Francisco Werner 和 Julie Hall 教授等国际知
名专家参加会议，讨论的主题是"陆架边缘海生态系统与生物地球化
学过程"。这次会议形成了一些重要共识，主要包括可持续海洋生态
系统基础研究是新世纪的一项重要科学议题和生物地球化学循环是需
要特别加强的学科领域等。事实上，在可持续需求下，"生物地球化
学循环"早已被我们关注，如 973 - Ⅰ培植期间提出的 6 个关键科学
问题之三，即为"生源要素循环与更新"。通过这次讨论会明确了

"生物地球化学循环"将是 973-Ⅱ 的研究重点，也使我们和中国成为国际 GLOBEC 前沿领域最早关注和实施这方面研究的团队和国家。

2004 年夏天，作为一审专家，参与对联合国秘书长 Kofi A. Annan 主持的"千年生态系统评估（MA）"项目的海洋系统报告评审，认为该报告中"水产养殖产业不是应对全球野生捕捞渔业衰退问题的一种解决办法"的论断是不正确的。提出这样的评审意见的主要科学依据来自 973-Ⅰ 关于"生态转换效率与营养级呈负相关关系""生态系统多因素控制机制"等基础研究新成果，认为大力发展水产养殖应是一种适应性管理对策，是在"渔业资源恢复复杂而缓慢"的情况下一种务实的问题解决办法。二审专家组赞同我的观点，认为"唐说的是对的"，但是，报告主持人 Daniel Pauly 教授却坚持不改（2005 年他的报告题目被改为《海洋渔业系统》，论述限于海洋捕捞）。这种守旧思维有一定代表性，促使我们去做更多更深入的研究，为新的发展提供更好的科学依据。此后的发展实践也证实我们的坚持是科学的、现实的，自然也是对的，如联合国粮食及农业组织在《2016 年世界渔业和水产养殖状况》年度报告中写道："2014 年是具有里程碑式意义的一年，水产养殖业对人类水产品消费的贡献首次超过野生水产品捕捞业""中国在其中发挥了重要作用"，其贡献"60％以上"。

2004 年 11 月，主持中日韩 GLOBEC 第二届学术会议，形成西北太平洋生态系统结构、食物网营养动力学、物理-生物过程研究专辑[①]，其中我们的 973-Ⅰ 研究成果占一半多。

---

① Tang QS，Su JL，Kishi MJ，Oh IS（eds.）. The ecosystem structure，food web trophodynamics and physical-biological processes in the northwest Pacific. J. Marine Ecosystems，2007（67）：203-321.

中日韩专家龙井村品茶，2004 年

中日韩 GLOBEC 第三届学术会议中国团队在日本北海道，2007 年

2005年3月，Sherman教授将《海洋生态系统水平管理科学共识声明》（简称《声明》）发给我，这是由200多位美国科学家和政策专家刚刚联名签署的共识声明。他有点激动，我也激动，但着眼点略有不同。他激动是因为《声明》将LME确认为合适的生态系管理单元，我则因为《声明》与我们正在探索的适应性管理对策的科学认识不谋而合。我特别赞同《声明》关于生态系统水平管理（ecosystem-based management，EbM）的解释，即EbM是包括人类在内的整个生态系统的综合管理，以维系一个健康、多产和能自我修复的生态系统，从而满足人类的需求。

11月，项目香山终审答辩再次激励973-Ⅱ向更高水平发展，主审专家尖锐地问道：你们做了一个基金重大，又做了一个"973"，再做能有什么重大突破?! 我随即把准备好的一张多媒体片放了出来，简单而明确表示973-Ⅱ将从973-Ⅰ生态系统结构水平研究上升到功能水平研究，这个回答得到与会专家的赞许。对此，应该感谢中国生态学会原会长李文华院士和国家自然科学基金委员会原副主任孙枢院士，是他们在会前准备时鼓励我们要大胆、明确地把想法打算说出来。实事求是地说，从结构研究到功能研究是生态系统研究的跨越式发展，一个更高级的阶段，难度较大，关键时刻需要有人推一把，帮助我们下决心，予以鼓励。

小结以上种种，使2006年开始实施的973-Ⅱ（中国GLOBEC Ⅲ）的研究目标和重点更加明确，项目选择"我国近海生态系统食物产出的关键过程及其可持续机理"为研究主题，其中生物地球化学循环是食物产出关键功能过程的研究重点，为了应对国家重大需求，水产养殖新发展成为973-Ⅱ海洋生态系统基础研究应用的重要出口和落地点。

2004—2006

973-Ⅱ项目启动暨研讨会，2006 年

973-Ⅱ团队调研森林生态系统，2006 年

与山东荣成市政府签署"973计划"地方服务协议，2006年

国际 GESAMP 36 工作组：外海生态系统水平海水养殖会议，2007年

2005 年，我的学生张波以优异的成绩通过博士学位答辩，她在致谢导师、领导和同事们之后，说了一个感受让我非常认同。她说："在资源生态研究中，不是靠任何个人的智慧就能独立完成的，它需要一个团队的共同协作努力，而我有幸能工作在这样一个团结协作的优秀的学术团队中……"确实，"团结协作"对资源生态研究尤为重要，而要认识资源生态的动态规律还需花很多的时间探索和等待。因此，"团结协作"和"坚持不懈"应是从事资源生态研究者必备的基本条件。

2006 年，也多了一些新的责任和担当，当选中国科学技术协会第七届全国委员会副主席，被聘为联合国环境规划署（UNEP）顾问和全球环境基金会科学技术顾问团（GEF/STAP）核心成员，从更高层面上推动 LME 在全球的发展。

夏天，应党中央、国务院邀请赴北戴河休假。

与国家最高奖获得者李振声院士等在北戴河放风筝，2006 年

与著名农学家卢良恕院士等游览山海关，2006 年

与著名林学家任继周院士等在山海关长城邻海段，2006 年

2004—2006

荣获 2006 年度山东省科学技术最高奖。

国际 GLOBEC 作为全球变化研究的核心计划已进入结束阶段，一方面大家"意犹未尽"，另一方面似乎对另一个与海洋有关的核心计划 IMBER 发展不甚满意。国际 IGBP 和 SCOR 注意到这些意向并于 2007 年组织了一个精干的工作组，对有关问题进行研讨。在 John Field 教授主持下，较快形成文字报告，提出国际 IMBER 第二阶段的科学计划和实施策略[①]。我应邀参加了这项工作，并将在香山科学会议第 228 次学术讨论会上提出的加强"功能群"的研究建议[②]作为进一步研究探讨重点写进了报告。

继 1990 年第一次 LME 全球大会在摩纳哥成功召开之后，时隔 17 年，2007 年第二届全球大海洋生态系大会在中国青岛召开，与 Sherman 教授共同担任大会召集人和科学指导委员会主席。会议的主要内容：检查全球范围内 LME 活动在生态系统评估方面的科学进展；分析 LME 方法对海洋科学发展和欠发达地区科学能力建设的作用；通过生态系统水平的研究手段，促进海洋资源的恢复和保护；推进全球不同地域和不同学科之间 LME 研究与管理的共同发展。这次

---

① Field J，Drinkwater K，Ducklow H，Harris R，Hofmann E，Maury O，Miller K，Roman M，Tang QS. Supplement to the IMBER Science Plan and Implementation Strategy. IGBP Report No. 52A，IGBP Secretariat，Stockholm，2010.

② 唐启升. 海洋食物网及其在生态系统整合研究中的意义//香山科学会议. 科学前沿与未来：第九集. 北京：中国环境科学出版社，2009：1-9。

会议对推动海洋开发与管理新概念的发展，促进生态系统水平的海洋管理科学研究与实践有极大的促进作用。

与 Sherman 教授共同主持第二届全球 LME 大会，2007 年

大会做报告，2007 年

与 Sherman 教授，感谢著名海洋生态学家 Hempel 教授为大会致视频贺词，2007 年

与 Hempel 教授在全球海洋、海岸和岛屿大会，2008 年

2007

全球环境基金会科技顾问团（GEF/STAP）核心成员聚会，2007 年

在农业部渔业局和中国科学技术协会原主席周光召院士的支持下，联系孙枢、李廷栋、苏纪兰、刘瑞玉等院士专家与国家发展和改革委员会有关领导对话，研讨南极磷虾资源开发利用的可行性，最终促成南极磷虾生产性探捕项目的实施。

2007

国家重点基础研究发展计划（"973 计划"）已实施 10 年，"10 周年纪念大会"授予中国 GLOBEC 研究团队 "'973 计划'优秀团队"称号。至此，海洋生态系统动力学已成为国家重点基础研究发展计划的重要主题，前后有 8 个项目围绕海洋生态系统的资源和环境问题开展研究，成为国家 "973 计划"支持一个新学科领域快速发展并在世界科学前沿领域占据一席之地的典型案例。这也是 "973" 精神所在，是科研人员为什么留恋 "973 计划"的重要原因。

中国多学科多部门 GLOBEC 研究 "973" 优秀团队，2009 年

2008 年还有一个科研经历 "插曲" 值得说说，7 月 1 日晚 8 点半

接到科技部一个电话，我立马从"老唐"变成"唐老"，也不容我多想，出任科学应对浒苔灾害专家委员会主任委员的任务就交代下来了。其实，从专业的角度我并不是一个合适的人选，奥运会开幕在即，保证青岛奥帆赛场环境安全成为头等大事，有一点临危受命的感觉，幸好前一年有件事为我"别无选择"做了铺垫。2007年，我把香山科学会议第305次学术讨论会（近海可持续生态系统与全球变化影响）搬到青岛召开，会议期间可能是感到近海富营养化问题严重，引导大家讨论了一个问题："海洋是否会发生太湖蓝藻事件"，结果是一致认为"会"（当时我们还不知道浒苔已经到了青岛近海），由此对海洋富营养化及其后果有了一些认识。既然是应对突发事件，我们采取了"战时"工作机制，每天早上9时前我接受指挥部提出的问题并布置到4个工作组，整个上午要就有关问题电话请教询问外地及本地有关专家，有时还要到我自己选定的6个观察点看看现场，下午3时专家委员会会议准时召开，研讨并对问题给出明确答案，5时签字上报。工作紧张而辛苦，甚至于椎间盘突出了也只好忍了，但大家的工作热情饱满有序，毕竟在做一件对国家对社会有意义而又必须做的事。通过这段工作，对海洋生态灾害和生态系统健康有了更多的关注和思考，2009年在国家自然科学基金委员会支持下，组织了题为"海洋生态灾害与生态系统安全"第39期双清论坛，将海洋生态灾害作为一个急待加强研究的海洋科学议题提出来了。但是，也有遗憾，胡锦涛总书记2008年7月20日在青岛接见应对浒苔灾害工作的领导、专家时，曾间接提到浒苔暴发的预测问题，然而学界至今对浒苔在黄海水域的早期发生史还缺少一个清楚、确切的科学说法，从而影响了对这个生态灾害的提前预测和有效防治。

浒苔生态灾害，2008 年

现场调研，2008 年

2009 年

2 月，与林浩然和徐洵两位院士等组织召开题为"可持续海水养殖与提高产出质量科学问题"的香山科学会议第 340 次讨论会。与会专家针对我国海水养殖快速发展带来的一些问题展开讨论，形成了一些重要共识：提出发展"生态系统水平的水产养殖"，认为它是"保证规模化生产"和"实现可持续产出"的必由之路；强调开展整体、系统水平的研究，建立相关学科综合交叉研究机制，实现海水养殖科技的跨越式发展；强调实施"单种精作"的研究策略，推动养殖产业现代化发展，在开发和研究新的养殖品种时，需要同时兼顾优质高效和环境友好两个方面的需求，以便提高产出质量。这些重要共识既具前瞻性又有现实意义，引起行业管理部门高度重视，对我国海水养殖可持续发展产生了引导性作用。

在美国接到中国工程院副院长旭日干院士电话，要求支持"中国养殖业可持续发展战略研究"重大咨询项目立项并负责组织水产养殖战略研究，想想现状，我爽快答应了，没想到竟成就了我十年对水产养殖发展战略的系统研究。

2009

2010 年

6月，在第四届中国生物产业大会上将"碳汇渔业"发展新理念公布于众。实际上这是一个经过较长时间思考、酝酿和多个项目研讨的工作结果。

1995年国际IGBP年会在北京召开，一个向大洋撒铁的试验报告引起我的注意，但听不太懂，不知要干什么；2003年IGBP年会在加拿大Banff召开，正值撒铁试验10周年，有大会报告，有展板，终于弄明白了，撒铁是为了增加大洋富营养区的铁元素含量，促进浮游植物生长、繁殖，进而提高海洋吸收大气二氧化碳的碳汇能力，但是撒铁引起的生态伦理问题同时也让人们担忧；2004年的一天，突发奇想："撒什么铁，多养点扇贝就行了"，我把方建光研究员（中国海水养殖容量研究的践行者，组织了10多种贝类的滤食率测定和研究）找来商讨，他非常赞同我的想法，因为贝类在生长过程中大量滤食水体中的浮游植物，多养些贝类实际促进了浮游植物生长繁殖，增加水体中浮游植物数量，间接提高了海洋碳汇能力，也不会有生态伦理问题，而藻类养殖的功能与浮游植物一样，直接通过光合作用提高了海洋碳汇能力。我们的想法很快形成文字并在《地球科学进展》发表，由此贝藻养殖的碳汇功能也成为973-Ⅱ的重要研究内容并得以深入提高，如随着多元养殖研究向多营养层次综合养殖（IMTA）研究提升，使碳汇功能研究在养殖系统水平上展开。

2009年哥本哈根世界气候大会之后，中国工程院及时启动了生物碳汇扩增战略咨询研究，我负责海洋生物碳汇扩增研究，重点调研渔业碳汇的计量监测技术、发展潜力和扩增战略，提出实施"大力发展与积极保护并重"的海洋生物碳汇扩增战略、大力推动以海水养殖为主体的碳汇渔业的发展、加强近海自然碳汇及其环境的保护和管理等建议。

2010 年，中国环境与发展国际合作委员会（简称国合会，CCI-CED）课题"中国海洋可持续发展的生态环境问题与政策研究"进入结题阶段，CCICED 首席顾问 Art Hanson 教授以及 Peter Harrison、Meryl Williams、Chua Thia - Eng 等国际著名专家对"碳汇渔业"理念特别赞同和认可，并在总结报告定稿时将它作为缓解生态环境问题的行动措施单独列出来。

在以上过程中，按照 IPCC 关于碳汇和碳源的定义以及海洋生物固碳的特点，"渔业碳汇"和"碳汇渔业"也有了明确的定义和发展目标，即，"渔业碳汇"是指通过渔业生产活动促进水生生物吸收水体中的 CO_2，并通过收获水生生物产品，把这些碳移出水体的过程和机制。这个过程和机制，实际上提高了水体吸收大气 CO_2 的能力，那些被移出的碳可称之为"可移出的碳汇"。对于海洋渔业碳汇而言，不仅包括藻类和贝类等养殖生物通过光合作用和大量滤食浮游植物从海水中吸收碳元素的过程和生产活动，还包括以浮游生物和贝类、藻类为食的鱼类、头足类、甲壳类和棘皮动物等生物资源种类通过食物网机制和生长活动所使用的碳。因此，可以把能够充分发挥碳汇功能、具有直接或间接降低大气 CO_2 浓度效果的渔业生产活动泛称为"碳汇渔业"，也可简单地把不需要投放饵料的渔业生产活动统称为"碳汇渔业"。我们强调："碳汇渔业"是绿色、低碳发展新理念在渔业领域的具体体现，是实现渔业"高效、优质、生态、健康、安全"可持续发展战略目标的有效途径；建设"环境友好型水产养殖业"和"资源养护型的捕捞业"是"碳汇渔业"的主要发展模式，它能够更好地彰显渔业的食物供给和生态服务两大功能，产生一举多赢的效应，值得大力提倡。

提出一个新理念难免会遇到这样那样的问题，甚至质疑，我们并不回避，采取积极、豁达的态度对待之，如组织主持主题为"近海生态系统碳源汇特征与生物碳汇扩增的科学途径"香山科学会议第 399 次学术讨论会（2011）的目的之一就是通过学术报告与交流和不同学术观点的碰撞与讨论，明确深入研究的科学问题和方向，孰是孰非就不重要了，有些问题似乎不辩自明。

与李文华等院士现场讨论贝类养殖碳汇生态功能，2007 年

11 月，中国工程院第 109 场"碳汇渔业与渔业低碳技术"工程科技论坛在北京成功举办，《科技日报》记者以"唱响全球碳汇渔业新理念"为题报道了论坛盛况。认为论坛"彰显了中国负责任大国的良好形象，体现了我国推进节能减排、坚持走低碳发展之路的信心和勇气，也展示了我国水产科研界在该前沿领域超前的研究理念和优秀的研究成果，必将对提高渔业应对气候变化能力，实现中国从渔业大国向渔业强国转变起到积极的推动作用"，称我做的大会报告"碳汇

渔业与又好又快发展渔业"坚定了相关领导和专家们发展碳汇渔业的决心，使发展目标更加明朗化。随后，我国首个碳汇渔业实验室在黄海所挂牌成立，任实验室主任。

主持中国工程院碳汇渔业论坛讨论，2010 年

同 Sherman 教授调研海草床碳汇渔业，2010 年

农业部副部长牛盾为桑沟湾贝藻碳汇实验室揭牌，2011年

中国工程院副院长沈国舫院士为海草床生态系统碳汇观测站揭牌，2013年

这一年还有三件事值得记录：一是973-Ⅱ结题，从主观上我很

想做下去，因海洋食物产出的基础过程——黄海深水区水华研究刚有些结果，很希望能深入研究，但是又必须正视现实，于是我接受了把研究团队分成两支的建议，帮助他们把新的研究目标写进了973项目指南并申报成功，被戏称为"画句号之前，又下了两个蛋"，结果让我欣慰；二是"碳汇渔业"论坛前后，与中国工程院常务副院长潘云鹤院士等领导多次议论海洋的事，一句不经意的话"工程院应该在海洋方面有声音了"让周济院长眼睛一亮，促使了中国工程院海洋战略咨询研究重大项目的酝酿和组织；三是 Sherman 教授获得第 11 届哥德堡可持续发展大奖，在中国国家最高奖获得者刘东生院士、在美国前副总统戈尔先生曾获得过这个奖，是一份有分量的奖项，我们都十分高兴。它不仅是对 Sherman 教授提出大海洋生态系概念、致力于海洋资源与环境的协调发展和可持续管理所做出的重大贡献的肯定，也是对我们共同事业的肯定，使我们更加坚定地去探讨以大海洋生态系为单元的生态系统水平海洋管理和适应性对策。

2010

2011—2012 年

　　2011 年 4 月，从美国回来即赶到西安参加中国工程院主席团会议，刚进宾馆大堂就有人告诉我：海洋重大咨询研究立项了，噢……原来是温家宝总理在听取钱正英院士等关于水资源战略咨询研究成果汇报时，要求加强海洋强国建设，制定国家海洋发展战略。这显然是国家重大需求。中国工程院常务会随即决定启动"中国海洋工程与科技发展战略研究"（简称海洋Ⅰ期），中国工程院常务副院长潘云鹤院士任项目组长，我任常务副组长，组成一个多学部多专业领域的研究团队。这是中国工程院第一个有关海洋的重大战略咨询项目，大家研究热情很高。11 月底在浙江舟山召开"中国海洋工程与科技发展战略研究项目汇报会暨浙江海洋经济发展战略座谈会"，盛况空前。项目顾问宋健老院长、周济院长和时任浙江省常务副省长陈敏尔同志到会指导，150 余位院士专家参加会议。各课题从海洋探测与装备、海洋运载、海洋能源、海洋生物资源、海洋环境与生态、海陆关联六个专业领域汇报初步研究成果，并实地考察浙江海洋经济发展状况，这次会议为后续深入研究奠定了坚实的基础。

　　2012 年海洋发展战略咨询研究取得重大进展，形成两个重要成果。

　　第一个是中国工程院向国务院上报"把海洋渔业提升为战略产业，加快推进海洋渔业装备升级更新"的建议。这个"建议"是在项目顾问宋健老院长直接指导下形成的，他不仅指导我们如何写出有用的"建议"，还亲自执笔修改"建议"初稿达 73 处，老院长亲力亲为，既是鼓励也是鞭策，极大激发了我们战略咨询的责任心，努力找准问题，提出可操作的措施。温家宝总理高度重视这个"建议"，并做出重要批示。到 2012 年底，国家先后三次安排海洋渔船更新改造，渔政装备建设资金达 80.1 亿元，成为我国渔业历史上最大的投入，使渔业装备升级更新得到了前所未有的支持。另外，这个"建议"还促成了国务院第一个海洋渔业文件的发布［《国务院关于促进海洋渔业持续健康发展的若干意见》（国发〔2013〕11 号）］和第一个国务院全国现代渔业建设工作电视电话会议的召开（2013 年）。

第二个是我代表中国工程院向十八大文件起草组汇报"全面推进海洋强国战略实施的建议"。2011 年 5 月，海洋重大咨询项目启动不久，项目顾问周济院长就提出"要为十八大提些建议"的任务要求，当时我有点懵，不知道该怎么做。经过大半年的认真研讨，群策群力，终于把目标聚焦于建设海洋强国，从战略意义、建设思路和重要举措等方面开展研究，研究成果为十八大报告"建设海洋强国"的 4 个组成部分提供了依据。

以上成果被刘延东副总理称之为中国工程院 500 多个咨询项目中 4 个代表性重大成果之一。

中国海洋工程与科技发展战略研究项目汇报会，2011 年

2011—2012

调研海洋装备，2013 年

2012 年联合国可持续发展大会（Rio＋20）在巴西召开，这一年是联合国召开可持续发展大会 20 周年，也是用大海洋生态系评估管理生态系统产出和服务 30 周年，Sherman 教授受全球环境基金会（GEF）和联合国环境规划署（UNEP）委托为 Rio＋20 组织了"气候变化与大海洋生态系可持续性的前沿观察"专辑，我们应邀提交了一篇适应性管理对策的研究报告①。这篇报告重点阐述了在全球变化和人类活动背景下黄海大海洋生态系变化的不确定性和复杂性，提出资源增殖放流和大力发展水产养殖（特别是多营养层次综合养殖，IMTA）是有效、现实的海洋生态系统水平适应性管理行动。Sher-

---

① Tang QS，Fang JG. Review of climate change effects in the Yellow Sea large marine ecosystem and adaptive actions in ecosystem－based management. In：Sherman K and McGovern G（eds.），Frontline Observations on Climate Change and Sustainability of Large Marine Ecosystem. Large Marine Ecosystem，2012（17）：170－187.

man 教授在专辑简介本报告时强调 IMTA 是创新技术，应在黄海大海洋生态系和亚洲其他大海洋生态系广泛推广，因它不仅改进水质质量，增加蛋白质产量，还通过碳捕获为缓解全球变化影响做贡献。

与 Sherman 教授讨论 LME 适应性管理对策与多营养层次综合养殖（IMTA），2010 年

2011—2012

　　10 月，科技部副部长陈小娅带队来青岛落实海洋国家实验室筹建事，会上我半开玩笑地要求，"请在 12 月 25 日前批复！""为什么？""不能让我等到 70 岁了才批吧?!"大家会意地哈哈一笑。12 月 18 日，科技部正式批复建设青岛海洋科学与技术国家实验室，大家为之努力了 14 年，希望"提高青岛海洋科学研究总体水平"的愿望终于有了可以实现的初步结果了。在这个努力过程中，科技部上上下下自始至终给予指导、鼓励和支持，是对海洋特别的钟爱和重视，借此机会表示个人的衷心感谢。

　　这一年，科技部成立第四届国家重点基础研究发展计划（"973 计划"）领域专家咨询组，我被聘为资源环境科学领域专家咨询组组长，有关工作持续到 2019 年。从运动员变成裁判员，甚至是裁判长，让我有点不适应，还好有资深咨询组员们的支持，加上内心对"973"的责任担当，能以积极的态度认真完成这项任务。大概由于这个原因，"973 计划"撤销后，不断有专家来反映他们的心声，很是无奈，但我坚信"973"精神永存，任何新学科领域、国家重大需求和经济发展的关键技术发展都需要强大和专一的基础研究支持，在新时代更应该如此。

听取"973"资源环境领域最后一批项目结题汇报，2019 年

中国工程院重大咨询项目海洋Ⅰ期圆满结题，重要研究成果《中国海洋工程与科技发展战略研究》系列丛书正式出版，包括综合研究卷、海洋探测与装备卷、海洋运载卷、海洋能源卷、海洋生物资源卷、海洋环境与生态卷和海陆关联卷，300多万字。这是45位院士、300多位多学科多部门的一线专家学者、企业工程技术人员、政府管理者辛勤劳动和3位顾问悉心指导的结果，它不仅首次对中国海洋工

海洋Ⅰ期结题会：聆听宋健老院长指示，2014年

程与科技发展基本状况做了详尽的分析和小结，提出"海洋工程与科技整体水平落后于发达国家 10 年左右"的重要判断，同时研讨了发展战略和重大任务，对加快建设海洋强国提出若干重要建议，为各级政府决策和关注海洋的社会各界提供了有价值的参考和资料，意义深远。与此同时，中国海洋工程与科技发展战略研究重大咨询项目 II 期启动，重点是促进海洋强国建设重点工程发展战略研究，使六大专业领域战略研究向重点工程深入发展。我特别关注极地海洋生物资源开发工程发展战略研究，在项目顾问徐匡迪老院长支持下组织院士专家向国务院提交了"关于加大加快南极磷虾资源规模化开发步伐，保障我国极地海洋资源战略权益的建议"的院士建议，引起高度重视，促进了有关政策出台和产业发展。

忙于总结与开题，2013 年

海洋战略咨询院士在腾冲草海，2012 年

中国海洋工程与科技发展战略研究重大咨询项目Ⅱ期启动会，2014 年

南极磷虾产业调研，2014 年

　　夏天，再次应党中央、国务院邀请赴北戴河休假，政治局常委刘云山同志等领导亲切接见休假院士专家。

在驻地门前，2014 年

　　10月，第三届全球大海洋生态系大会在非洲纳米比亚召开，Sherman 教授以 82 岁高龄担任大会主席，他对推进大海洋生态系运动在全球发展的执着和决心令人敬佩。我应邀向大会报告黄海大海洋生态系适应性管理对策的一些新的研究成果，进一步表达了"渔业资源恢复是一个复杂而缓慢的过程"和"需要以现实的态度采取适应性管理对策"的观点。2016 年在大会专辑《大海洋生态系的生态系统水平管理》出版之际，Sherman 教授发函称赞我们的报告[①]"为更好地理解认识人类与环境驱动下的大海洋生态系鱼类与渔业组成变化做出了重要贡献……发展了生态系统水平的渔业恢复与可持续管理策略"。

与第三届全球 LME 大会主席 Sherman 和 Hamukuaya 博士，2014 年

这一年，我领衔的"海洋渔业资源与生态环境研究团队"在获得"山东省优秀创新团队""中华农业科技优秀创新团队"奖励之后，又荣获中共中央组织部、中共中央宣传部、人力资源和社会保障部、科学技术部联合授予的"全国专业技术人才先进集体"称号。

2014

---

① Tang QS，Ying YP，Wu Q. The biomass yields and management challenges for the Yellow Sea large marine ecosystem. Environmental Development，2016（17）：175 - 181.

2015—2016 年

　　《科学》杂志刊登美国斯坦福大学一个研究团队有关中国水产养殖的文章①，其中"中国水产养殖业注定削减世界野生渔业资源"的指责引起舆论哗然，一些青年专家对此也表达了他们强烈的不满。当时我正在实施中国工程院水产养殖战略咨询项目，组织大家对这篇奇文加以评论成为我不容推辞的责任。评论从发展的驱动力、产业结构特征、进口鱼粉总量以及相关措施等 4 个方面展开，得出"中国水产养殖发展与世界渔业资源变动不存在必然关系"的结论，形成《中国水产养殖缓解了对野生渔业资源需求的压力》一篇短文②③。在评论过程中有两件事需要一提：一是对"中国水产养殖仅使用世界 25％左右的鱼粉却为世界生产出 60％以上的水产品，而世界其他地区使用 75％左右的鱼粉仅为世界生产出不足 40％的水产品"的感受，我以为若不正视这个事实，很难有一个公正的判断或审视，也是我认为那篇文章难免偏颇的重要原因；二是大家对《科学》杂志的编辑颇有微词，不能把不同意见的评论都选登出来，显然是不公正的④。

　　①　Cao L，Naylor R，Henrikssion P，et al. China's aquaculture and the world's wild fisheries. Science，2015（347）：133 - 135.

　　②　Han D，Shan XJ，Zhang WB，Chen YS，Xie SQ，Wang QI，Li ZJ，Zhang GF，Mai KS，Xu P，Li JL，Tang QS. China aquaculture provides food for the world and then reduces the demand on wild fisheries. http：//comments. sciencemag. org/content/10. 1126/science. 1260149，2015.

　　③　单秀娟，韩冬，张文兵，陈宇顺，王清印，解绶启，李钟杰，张国范，麦康森，徐跑，李家乐，唐启升. 中国水产养殖缓解了对野生渔业资源需求的压力. 中国水产，2015（6）：5 - 6.

　　④　2020 年的报道表明，为了促进水产养殖发展，美国国家海洋和大气管理局（NO-AA）和美国渔业学会（AFS）等渔业管理和学术机构表达了与该篇短文类似的观点，即水产养殖缓解了对野生渔业资源需求的压力。

评论之后，我强烈感到应该有一项更翔实的研究让大家全面地了解中国水产养殖的发展之路和现状。除了在正在进行的《中国大百科全书·渔业学科》渔业条目撰写中应有充分表达外，还组织了几位青年专家进行专题研究，其中，韩冬是中国科学院水生生物研究所淡水养殖营养与饲料研究骨干、张文兵是中国海洋大学海水养殖营养与饲料研究骨干、毛玉泽和单秀娟是中国水产科学研究院黄海水产研究所水产养殖与渔业资源研究骨干。这个针对性很强的小团队在各自熟悉领域努力、辛苦地工作，最终形成了一篇以《中国水产养殖种类组成、不投饵率和营养级》为题的长文[①]，有 30 个印刷页，其中以数据表达的研究结果占 12 页。这篇长文根据 1950—2014 年水产养殖种（类）有关统计和调研数据，在对养殖投饵率、饲料中鱼粉鱼油比例、各类饵料营养级等基本参数进行估算的基础上，研究分析了中国水产养殖种类组成、生物多样性、不投饵率和营养级的特点及其长期变化。结果显示：中国水产养殖结构特点十分独特，种类多样性丰富、优势种显著，且多年来变化较小，相对稳定；与世界相比，不投饵率仍保持较高的水准，达 53.8%，表明中国水产养殖充分利用自然水域的营养和饵料，是低成本和有显著碳汇功能的产业；平均营养级仅为 2.25，这是中国水产养殖实际使用鱼粉鱼油量少的科学证据，也表明中国水产养殖是一个高效产出的系统，能够产出更多的生物量，保证水产品的供给。完成这篇长文，使我们更加坚信中国水产养殖能够更好地彰显渔业的食物供给和生态服务两大功能，使我们对中国水产养殖的未来充满了信心和自豪，水产养殖的发展大有可为。

2015—2016

---

① 唐启升，韩冬，毛玉泽，张文兵，单秀娟. 中国水产养殖种类组成、不投饵率和营养级. 中国水产科学，2016，23（4）：729-758。

2017 年

　　主持中国工程院水产养殖发展战略咨询研究已经 9 年，先后实施了 3 期课题研究，研究成果编辑出版专著 3 部（计 126 万字）①②③。养殖Ⅰ期研究，让我们认识到中国水产养殖的显著特色［既具有重要的食物供给功能，又有显著的生态服务功能（含文化服务）］，提出绿色低碳的"碳汇渔业"发展新理念和"高效、优质、生态、健康、安全"的可持续发展目标，养殖Ⅱ期和Ⅲ期研究针对建设小康社会决胜时期的需求和渔业提质量、增效益的新目标，重点研究"环境友好型水产养殖发展战略：新思路、新任务、新途径"，探讨水产养殖绿色发展新方式、新模式和新措施，形成比较系统的水产养殖绿色发展战略思想。这时，也有了画"句号"的想法。"一个完美的'句号'应该是一个《院士建议》，并聚焦于绿色发展"，我的想法得到团队里院士专家们的积极响应，项目顾问徐匡迪老院长大力支持，批示道："同意联署，但作为院士建议文字宜简洁。拟上报汪洋副总理及克强总理"。于是，《关于促进水产养殖业绿色发展的建议》（《中国工程院院士建议（国家高端智库）》第 21 期）及时形成并上报。这个《院士建议》得到农业部等部委高度重视，对制定新政策产生重大影响，希望这是一个完美的"句号"。

---

　　① 唐启升. 中国养殖业可持续发展战略研究：水产养殖卷. 北京：中国农业出版社，2013。
　　② 唐启升. 环境友好型水产养殖发展战略：新思路、新任务、新途径. 北京：科学出版社，2017。
　　③ 唐启升. 水产养殖绿色发展咨询研究报告. 北京：海洋出版社，2017。

现代海水养殖"三新"论坛主旨报告，2015 年

与浙江省海洋水产养殖研究所谢起浪所长讨论陆基多营养

层次综合养殖（IMTA），2015 年

调研福建三都澳网箱养鱼与水平方向 IMTA，2015 年

与企业讨论大黄鱼养殖与环境友好，2015 年

調研湖北潜江小龍蝦稻漁綜合種養，2016年

調研江蘇太湖生態控草養魚，2016年

三产融合发展：海洋牧场与休闲渔业，2017 年

调研辽宁盘锦稻蟹综合种养蟹生长及效益，2018 年

调研宁夏中卫腾格里湖大水面 IMTA，2019 年

　　4 月，亚洲大海洋生态系（LME）国际学术会议在印度尼西亚茂物（Bogor）召开。会前 Sherman 教授希望我写篇文章呼应一个与东海生态系统渔业资源产量变化有关的研究[1]，我一反常态，采取了"推三拖四"的态度。茂物见面后，教授直截了当地问我："你是不是不喜欢这篇文章？"我坦诚回他："一个课堂讲座！"话虽然说得不够婉转，但表达了我的一个看法：目前生态系统模型出来的结果往往是高度概括，表达一个平均的状况，用它对应现实中的某个点不是一个好的选项。但是，最终还是答应教授：会根据多年的调查资料写篇短文报道黄海生态系统渔业资源变化的实况。让我们没有想到的是这篇文章[2]被国际环境问题科学委员会（SCOPE）作为大海洋生态系研究

　　① Szuwalski CS，et al. High fishery catches through trophic cascades in China. PNAS，2017，114（4）：717 - 721.

　　② Wu Q，Ying YP，Tang QS. Changing states of the food resources in the Yellow Sea large marine ecosystem under multiple stressors. Deep - Sea Research Part Ⅱ，2019（163）：29 - 32.

的杰出成果选入《海洋可持续性：评估和管理世界大海洋生态系》专著。其原因正像 Sherman 教授指出的那样，半个多世纪的变化实况与预期相反，是大家包括我们自己都没有预计到的。例如，在高捕捞压力下渔业资源的种类多样性、营养级和生物量产量长期变化不是通常所想象的那样必然减少或降低了，而是一个波动的状态。在黄海这些指标自 20 世纪 80 年代下降后近年又呈走高的趋势。另外，还看到一个有趣的现象：优势种从过去由底层、营养级和价值较高的种类向中上层、营养级和价值较低的种类更替之后，近年又返回来了，向底层、营养级较高但价值较低的种类更替。这些研究结果展示了黄海大海洋生态系渔业资源长期变化的真实状况，一个生态系统在多重压力下变化的真实记录，很可能是生态系统转型的表现，有重要的科学价值。这些研究再次让我们认识了生态系统在多重压力下变化的复杂性和难以预见性，这是当今海洋生态系统的一个基本特征，至少近海生态系统是这样，应在探讨适应性管理对策时认真对待。

亚洲 LME 国际学术会议专题 I 主要报告人，2017 年

与国际组织专家讨论，2017 年

与 Sherman 讨论海洋生态系统及其生物资源变化的复杂性和难以预见性，2017 年

2017

　　回顾与 Sherman 教授 30 多年的交往，颇有感触，我们并不是对所有问题的认识都一定是一致的，例如，20 世纪 90 年代初对资源波动原因的认识、近十几年对资源恢复和管理对策的认识有所不同，但是为了共同的目标和追求，我们坦诚相待、相互尊重、相互影响，推动大海洋生态系发展不断取得新进展，这真是一件难得的、值得庆幸的事。正如 Sherman 教授所说，这也是我们科学人生的一段奇妙旅程。

2018 年

这一年度的中心任务是宣讲"绿色发展与渔业未来",从 5 月开始到 2019 年初共讲了 14 场。为什么要这么做?! 一方面是为了宣传战略咨询研究的成果;另一方面,也是更重要的,希望渔业发展在新时代有个新说法,希望讨论出新时代渔业发展的新方向、新目标。我在主持《中国大百科全书·渔业学科》和《中国农业百科全书·渔业卷》编纂工作中有一个切肤之痛的感受:进入近代,特别是清朝实行"轻渔禁海、迁海暴政",中国对世界渔业发展的贡献几乎无言可陈。

《中国大百科全书·渔业学科》编委与专家,2017 年

《中国农业百科全书·渔业卷》编委与专家，2018 年

　　但是，新中国成立不久管理决策层即开始探讨适合中国的渔业发展之路，改革开放 40 年来以养为主的渔业发展方针获得巨大成功，它不仅使中国渔业获得飞跃发展，满足国家对水产品的重大需求，同时对世界渔业产业结构和发展方针均产生了重大影响，水产养殖的渔业地位也今非昔比了。尽管对此有的国际大牌还有些想不通，但我们必须想明白：下一步应该怎么走，怎么做，如何才能发展得更好，这也是做这些报告的主要目的。报告中强调了两点：一是水产养殖与生态环境协同发展是新时代渔业要解决的主要矛盾，建立水产养殖容量管理制度是一项不可或缺的必备措施；二是渔业资源恢复是一个复杂而缓慢的过程，需要积极探索适应性管理对策。根据生态系统基础科学和发展战略咨询等研究，我认定绿色发展是渔业的现在和未来，绿色发展将使渔业的出路海阔天空，坚持绿色高质量发展，中国渔业的明天会更加灿烂。

　　中国工程院重大咨询项目"海洋强国战略研究 2035"（海洋Ⅲ期）启动，我仍担任常务副组长，组织协调多学部多学科的院士专家开展研究，为"加快建设海洋强国"献计献策。

2018

大会主旨报告：绿色发展与渔业未来，2018 年

现场讲解哈尼梯田稻渔综合种养高效产出的三个营养层次，2018 年

向哈尼梯田冬闲田投放鱼苗，2018 年秋

哈尼梯田冬闲田喜获丰收，2019 年春

2018

海洋Ⅲ期启动会，2018 年

中国工程院工程科技论坛大会海洋项目汇报，2019 年

2019 年

　　1 月，经国务院同意，农业农村部等十部委联合印发了《关于加快推进水产养殖业绿色发展的若干意见》（简称《若干意见》）；2 月，国务院新闻办公室举行新闻发布会，称《若干意见》"是当前和今后一个时期指导我国水产养殖业绿色发展的纲领性文件"。我们几年的努力终于有了结果，更重要的是中国渔业由此进入绿色发展新时代，具有里程碑意义。

　　3 月，中国工程院咨询研究项目"我国专属经济区渔业资源养护战略研究"顺利通过验收，该项目侧重渔业资源增殖发展战略研究。为了使一些重要成果尽早与研究者和管理者见面，也是针对当前出现的一些问题，未等相关专著正式出版，先将为专著写的专栏"关于渔业资源增殖、海洋牧场、增殖渔业及其发展定位"上了网，强调"渔业资源增殖、海洋牧场、增殖渔业等基本术语并无科学性质差别和对各类增殖活动应该实事求是，准确、适当地选择发展定位，需要采取精准定位措施"，强调"国际成功的经验和失败的教训均值得高度重视和认真研究"。信息传递比较快，反应也强烈，舆论认为"传递了正能量""明正视听""拨乱反正"等。做这件事的目的很简单，就是为了我们的渔业资源增殖事业或称海洋牧场能够健康可持续地发展，也为了营造风清气正的发展和科研环境。

　　2019 年是新中国成立 70 周年，也是我从事渔业科学研究 50 年。黄海所及功能实验室在青岛海洋科学与技术试点国家实验室隆重举办了"渔业科技发展七十年暨唐启升院士渔业科学研究五十周年学术论坛"，农业农村部副部长于康震、国家自然科学基金委员会原主任陈宜瑜院士、中国工程院原副院长刘旭院士、中国水产科学研究院近年四任院长（分别是现任中国农业科学院党委书记张合成、农业农村部渔业渔政管理局局长张显良、全国水产技术推广总站站长兼中国水产学会秘书长崔利锋和现任院长王小虎），以及来自大学、研究机构、山东省、青岛市等 30 余家单位和部门的百余位领导、专家参加了论坛。会上，于康震等 7 位领导讲话，10 位院士专家做学术报告，大家畅谈了中国渔业的伟大成就和灿烂的未来。令我意外的是来自挪威的 Strand 博士的报告题目是《中挪科技合作推动渔业绿色发展》，表明中国渔业的影响已走向世界。另外，Sherman 教授、厦门大学地球科学学部等发来贺信，我以《新中国渔业 70 年与我的科学之路》为题做了大会报告。现将部分内容以专栏形式记录如下，也算是《我的科学年表》的结束语。

专栏 1

新中国渔业 70 年与我的科学之路

唐启升

2019.09.08

今年是新中国诞生 70 周年，也是我独立主持课题，从事渔业科学研究 50 年，回顾过去，展望未来，有特别的意义。所以，借此机会以"新中国渔业 70 年与我的科学之路"为题，来表达我的一些认识、经历和感受。

新中国渔业 70 年取得了伟大成就，特别是水产养殖成就举世瞩目。主要表现：

1. 中国是世界上最早认识到水产养殖将在现代渔业发展中发挥重要作用的国家。

标志性的事件：1958 年，时任中华人民共和国水产部党组书记高文华在《红旗》杂志发表了"养捕之争"一文。"是捕，还是养"的讨论意义非凡、深远，是当时世界上一种相当超前的认识，更难能可贵的是它发生在中国渔业的管理决策层。

2. 规模化养殖技术的发展为中国和世界水产养殖提供了 90% 以上的产品。

标志性的成果：1958 年，钟麟等鲢鳙人工繁殖技术获得成功，引发了一系列养殖技术的发展；而近 20 多年，从健康养殖到 215 个水产新品种诞生，到因地制宜、特色各异的生态养殖模式广泛应用（如具代表性的淡水稻渔综合种养和海水多营养层次综合养殖等），使规模化养殖技术得到全面、系统发展，产生了巨大产业效应，为保障市场供给和食物安全做出重大贡献。

3. "以养殖为主"的正确发展方针为渔业带来巨大驱动力，使中国渔业获得新生，水产养殖跃居世界首位。

标志性的重大决策和评价：1980 年，改革开放和现代化建设的总设计师邓小平批示"渔业，有个方针问题。……看起来应该以养殖为主"；1986 年，《中华人民共和国渔业法》通过，确立了"以养殖为主"的发展方针。正确的发展方针不仅推动了中国渔业快速发展，也影响了世界。2016 年联合国粮食及农业组织渔业年报写道："2014年是具有里程碑意义的一年，水产养殖业对人类水产品消费的贡献首次超过野生水产品捕捞业""中国在其中发挥了重要作用"，产量贡献在"60％以上"。

4. 绿色发展使水产养殖的未来健康可持续。

标志性的重要建议和文件：2017 年，院士专家上报《关于促进水产养殖业绿色发展的建议》，提出了解决养殖发展与生态环境保护协同共进矛盾的重大措施；2019 年，经国务院同意，农业农村部等十部委《关于加快推进水产养殖业绿色发展的若干意见》，成为当前和今后一个时期指导我国水产养殖业绿色发展的纲领性文件，为新时代渔业绿色发展指明了方向。

中国渔业的伟大成就，不仅在于有辉煌的过去，更在于有灿烂的未来，确实令人激动和自豪，向中国渔业致敬。

作为渔业科学工作者，一个执着的践行者，在新中国渔业发展中征程 50 年，感到无比的荣光和骄傲。

1969 年是一个特殊的年代，我的"革命热情"戛然而止，令人迷茫和困惑，但是，天上的太阳依然灿烂。鲱鱼在黄海渔获中再次出现，让我甚是好奇，挑动了我探知的神经和欲望，一个调查研究的"计划"慢慢在心中产生了。让我意外的是"计划"居然得到研究室同事们和领导的支持，在那个特殊的年代这不是一件容易的事。从

专栏

此，开始了我 12 年的鲱鱼渔业生物学和渔业种群动态研究。自 1970 年起，每年早春，有一个半月在威海至石岛这个大半月形的鲱鱼产卵地收集鲱鱼渔业生物学资料和调访，经常是徒步行走，翻山越岭，另外，还组织了一个由三对 250 马力渔船组成的"调查舰队"，对黄海深水区鲱鱼索饵场和越冬场进行了 28 个航次的海上调查。每当回忆这些往事，心里总有一种愉悦的感觉，科研工作是辛苦的，也是快乐的，或许这样才能做得更好。进行中，成果不断，特别值得提及的是 1972 年时称青岛海洋水产研究所的调查研究报告第 721 号，是一个与鲱鱼年龄有关的研究报告，它不仅是我的科研处女作，也是"文革"中黄海所正式刊印的第一个研究报告，也可能是青岛的第一个。感谢我的"不知深浅"，更感谢黄海所的宽厚和包容。正当我沾沾自喜之时，新的困惑又来了，"怎么越研究越弄不明白了"，有路子越走越窄的感觉。

确实，机会常常是为那些有心人准备的，1980 年我考取了教育部出国访问学者资格。1981 年，去挪威不久就发现，我的困惑也是欧美渔业科学家的困惑，不同的是他们是经历了 100 多年的困惑，我才 12 年，幸运的是我有意无意地踏进了世界渔业科学新研究领域的探索行列中，新的动力和新的方向使我倍加努力，无所顾忌。1982 年在转赴美国访学途中，我拜访了风行欧洲的多种类资源评估与管理研究学术带头人 Ursin 教授和 Andersen 教授。第五天下午，Ursin 教授又用了 2 个小时，一对一地专题介绍他的学术思想和研究模型。结束时，教授问我："怎么样？"，我居然说："听不懂！"，他愣了一下，随后即说"您是对的，我要简化，半年后会寄一篇新的论文给您"，然后我们微笑着握手道别。这番"心有灵犀一点通"的心灵对话和碰撞，成为我走向新研究领域的激发点。

1984 年，我怀着知恩图报的心情回到国内黄海所，决意用我所学报效国家和我所倾心的事业，很快启动了黄海生态系调查研究。这不仅是 20 世纪 50 年代以后黄海唯一的一次全海区周年的生物资源调查，同时从学科发展的角度也使我们进入了一个新的研究领域。1985年 11 月底，我随中国渔业管理代表团访美，东北渔业科学中心的Sherman 教授为我们组织了一整天的学术报告，介绍他提出不久的大海洋生态系（LME）概念。晚上，他躺在家里的地毯上，我席地而坐介绍黄海调查，他突然坐了起来，"您怎么做的和我是一样的！"我们一拍即合。从此，相互尊重，相互支持，为了生态系统水平的海洋管理，合作至今。我非常感谢这位比我年长 11 岁的 Sherman 教授用了一段精美的语言表达了我们共同的感受："这是科学人生的一段奇妙的旅程"。1992 年初，我参加刚成立的全球海洋生态系统动力学科学指导委员会（GLOBEC/SSC）会议，惊奇地发现委员会主席竟是我在美国马里兰大学切萨皮克湾生物实验室（CBL）的教授 Rothschild，顿时明白了，当初我们在 CBL 各自的研究，都是为了探索新的研究方向。经过 10 多年的探索，特别是与 Rothschild 和 Sherman 两位顶级渔业科学家交往，我的海洋生态系统研究学术思想形成了，并记录在 1995 年国家自然科学基金委员会地学部的战略研究报告中，即由理论、观测、应用三个部分组成，包括侧重于基础研究的海洋生态系统动力学、观测系统的海上综合调查评估和常规监测、侧重于管理应用的大海洋生态系。此后 20 多年里，围绕海洋生物资源可持续开发利用的主题，通过国家 "973 计划" 东黄海 GLOBEC、国家勘测专项 "126 调查"、国际黄海 LME 等项目的实施，在科学前沿和国家重大需求两大总体目标引领下，我的大海洋之梦的初期阶段目标实现了。我们不仅有了理论创新，而且成果还落了地，就像 Sherman 教授所说，你们发现了问题，并找到了解决问题的办法。事实上，在第一个 "973 计划" 完成时，我们已有了一些新认识，如根据 "高营养

层次种类生态转换效率与营养级呈负相关关系"提出的资源开发利用的"非顶层获取策略"、渔业资源恢复是一个复杂而缓慢的过程、中国近海生态系统研究的重要出口在水产养殖等。之后,围绕这些重要的新认识开展了许多相关的多学科基础研究和适应性管理对策研究,探索海洋科学的新领域,为渔业绿色发展提供了坚实的基础科学依据,使我国海洋生态系统研究,包括海洋生态系动力学和大海洋生态系,在世界科学前沿领域占据了一席之地。为此,在这里我要向我们的物理海洋学家、化学海洋学家、生物海洋学家致意,有了他们的积极参与和共同的努力与奋斗,渔业科学才能深入,渔业科学与海洋科学多学科交叉融合,大海洋之梦才能够得以真正地实现。

2009 年,中国工程院委托我负责水产养殖战略咨询研究,2010年一句不经意的话:"中国工程院应该对海洋有声音了",引起领导高度重视,也促成了我 10 年的渔业和海洋战略咨询研究。在与大家共同努力下,硕果累累,提出若干重大建议,如"实施海洋强国战略""把海洋渔业提升为战略产业""水产养殖绿色发展"等。之所以能取得这些成绩,除了因为有一个强大的、多学科多部门的院士专家研究团队外,也得益于几十年来渔业科学和海洋生态系统等基础研究的科学积累,使我们有了足够底气和胆量去咨询,去建议。

50 年来,我像每个科技工作者应该做的一样,实事求是、开拓创新、努力向前。我最信奉的是"坚持不懈"。大约 2000 年,青岛市少年儿童活动中心邀请院士们做客并对孩子们说一句话,我当时是年轻的一个,先说,曾老(曾呈奎)是年长的一位,后说,但是我们俩说了共同的一句话:坚持不懈。有了梦想,有了追求,就要脚踏实地,一步一个脚印向前,不能浮夸,更不能虚假。媒体记者曾为我总结了"十年磨一剑"的故事,现在中央要求大家"肯下数十年磨一剑的苦功夫"。事实也确实如此,就像黄海所新建的资源库大楼,从有想法到建成，花了差不多二十年，若要建成世界一流，"数十年磨一剑"也就很现实了。科学进步在多数情况下是缓慢的、积累式的，往往不能一蹴而就，所以，"坚持不懈"也是必需的。

50 年过去了，弹指一挥间，一位科学伟人说过："科学人生是短暂的"，或许都是在告诉我们要更加地努力。为此，我引用新中国缔造者毛泽东同志的两句诗共勉：雄关漫道真如铁，而今迈步从头越；一万年太久，只争朝夕。让我们在新时代，为实现中华民族的伟大复兴更加奋发努力吧！

专栏 2

大海洋生态系之父、国际哥得堡可持续发展
大奖获得者 Sherman 教授贺信

UNITED STATES DEPARTMENT OF COMMERCE
National Oceanic and Atmospheric Administration
National Marine Fisheries Service
Northeast Fisheries Science Center
Office of Marine Ecosystem Studies (OMES)
Narragansett Laboratory
28 Tarzwell Drive
Narragansett, RI 02882
Phone: +1 401-782-3210
Fax: +1 401-782-3201
E-mail: Kenneth.Sherman@noaa.gov

August 15, 2019

Dear Qisheng,

I am privileged to join with your colleagues from China and around the world to extend my best personal congratulations on your 50 year career as a national and international leader in marine fisheries research and management.

We first met in 1985 while you were part of a delegation of fisheries experts from China visiting NOAA-NMFS Fisheries Science Centers, including the NOAA-NMFS Laboratory here at Narragansett. We continue to admire the artistry depicted in the Great Wall of China tapestry presented to the Laboratory by the delegation.

During the past 34 years we have worked together to move forward assessment and management actions for recovering and sustaining fisheries and the Large Marine Ecosystems.

In 1995, I was delighted to observe you and your Republic of Korea colleagues applying the LME approach to the recovery and sustainable development of the Yellow Sea Large Marine Ecosystem. Later we gained quite a bit of new information on LMES as we co-edited a volume for Blackwell Science on the LMEs of the Pacific Rim.

Your chapter in the LME Monaco volume on the effects of long-term perturbations on biomass yields of the Yellow Sea LME was a major contribution to the emergence of the LME approach as a global movement towards sustainable development of coastal ocean goods and services.

During your career, you have become a world leader in applying science to optimize the carrying capacity of the LMEs in general and the YSLME in particular. Your papers provided the scientific basis for combining innovative assessment and management actions to rebuild capture fisheries and introduce more efficient production of multitrophic aquaculture methods. This application of ecosystem-based assessment and management practice can, and should, be replicated around the globe.

Your contribution to marine science in support of ecosystem-based assessment and management practices place you at the very pinnacle among the marine science innovators, educators, organizers, and administrators of our time.

It has been a wonderful journey down the pathways of science to have the opportunity to partner with you in advancing the LME approach for application in the Yellow Sea LME and around the world.

All the very best,

Kenneth Sherman, Director
NOAA Large Marine Ecosystems Program
NOAAA-NMFS Laboratory
Narragansett, Rhode Island

译文

亲爱的启升：

我非常荣幸与来自中国和世界的同仁一起，对 50 年以来您作为中国和国际海洋渔业研究和管理的引领者所做出的卓越贡献表示最诚挚的祝贺！

我们初次相遇在 1985 年，那时您作为中国渔业专家代表团成员，访问了美国国家海洋渔业局（NOAA - NMFS）及其位于纳拉干西特（Narragansett）的实验室，代表团当时赠予实验室的一幅绣有中国长城的织锦，其中的艺术魅力令我们赞叹至今。

在过去的 34 年里，我们共同努力，推动旨在恢复、持续渔业和大海洋生态系的评估和管理行动。

1994 年，我非常高兴看到您和韩国科学家一起把大海洋生态系方法应用到黄海大海洋生态系的恢复和可持续发展中，并取得更多关于大海洋生态系研究的新认知，这在我们共同编著的由布莱克威尔科学出版公司出版的《环太平洋大海洋生态系》专著中均有体现。

您在大海洋生态系摩纳哥专著中的《关于长期扰动对黄海大海洋生态系生物量影响》一文是对大海洋生态系方法能够成为近海海洋产出和服务可持续发展的全球运动的重大贡献。

在您的从业生涯中，您已经成为应用科学优化大海洋生态系承载能力的世界领导者，尤其是黄海大海洋生态系。您的研究论文提供的创新评估方法和管理措施相结合的观点，为推动重建捕捞渔业并引入更为高效的多营养层次综合养殖方法提供了科学基础。这种生态系统水平的评估和管理实践，能够并且应该在全球范围内推广示范。

您对海洋科学的贡献支撑了生态系统水平的评估和管理实践，使你成为我们这个时代海洋科学领域最为卓越的创新者、教育者、组织者和管理者。

很荣幸与您相识、相知，并有机会与您共同推进大海洋生态系研究方法在黄海和世界范围内的广泛应用，这是科学人生的一段奇妙旅程。

致以我最衷心的祝愿！

肯尼思·谢尔曼

与中国长城织锦合影（右下角相框为织锦来历说明），1996 年

专栏

专栏3

厦门大学地球科学学部贺信

贺　信

尊敬的唐启升院士：

在新中国建国七十华诞即将来临之际，厦门大学地球科学学部的全体同仁特奉此函，谨向您对新中国渔业科技发展半个世纪的精耕细作、卓越贡献致以最崇高的敬意！并向您长期以来对厦门大学海洋、环境及生态学科的关心和支持表示衷心的感谢！

在学科建设方面，您一直紧紧围绕国际科学前沿和国家需求，对我校在海洋生物资源、海洋生态系统动力学、海陆统筹的研究与管理等方面的科学研究及人才培养发挥着至关重要的指引作用。

在平台建设方面，今年适逢您担任近海海洋环境科学国家重点实验室及其前身海洋环境科学教育部重点实验室学术委员二十周年，实验室在申请、建设、评估等各个环节及二十年来取得的成绩，都离不开您高屋建瓴的指导以及卓有成效的支持。与此同时，您作为福建省海陆界面生态环境重点实验室学术委员会主任，对实验室的建设和发展指明了方向，使实验室取得了长足的进步。

值此庆典，回望您在我校海洋、环境及生态学科领域规划学科战略、把握学术方向、指导平台建设等重大事务中作出的重要贡献，实验室领导班子携全体同仁，谨向您致以最崇高的敬意和最诚挚的谢意，我们会始终怀着感恩之心谨记您的支持、指导与点拨。

谨此函达，深表谢意，恭祝研祺并颂安康！

主任：戴民汉　厦门大学地球科学与技术学部
　　　　　　　近海海洋环境科学国家重点实验室

院长：王克坚　厦门大学海洋与地球学院

主任：黄邦钦　福建省海陆界面生态环境重点实验室

2019年9月5日

2019.12.25

附

录

"蓝色国土" 耕耘者

（张滨绘，人民日报，2006.08.08）

《唐启升文集》
目　录

我国近海生态系统食物产出的关键过程及其可持续机理

我国海洋生态系统基础研究的发展——国际趋势和国内需求

An Introduction to the Second China-Japan-Korea Joint GLOBEC Symposium on the
　　Ecosystem Structure, Food Web Trophodynamics and Physical-biological Processes
　　in the Northwest Pacific (Abstract)

China GLOBEC Ⅱ: A Case Study of the Yellow Sea and East China Sea Ecosystem
　　Dynamics (Abstract)

Spring Blooms and the Ecosystem Processes: The Case Study of the Yellow Sea (Abstract)

海洋生态系统动力学

Global Ocean Ecosystem Dynamics Research in China

二、高营养层次营养动力学

海洋食物网与高营养层次营养动力学研究策略

海洋食物网及其在生态系统整合研究中的意义

海洋鱼类的转换效率及其影响因子

鱼类摄食量的研究方法

鱼类的胃排空率及其影响因素

双壳贝类能量学及其研究进展

Ecological Conversion Efficiency and Its Influencers in Twelve Species of Fish in the
　　Yellow Sea Ecosystem

黄、渤海 8 种鱼类的生态转换效率及其影响因素

7 种海洋鱼类的生物能量学模式

渤、黄海 4 种小型鱼类摄食排空率的研究

摄食水平和饵料种类对 3 种海洋鱼类生长和生长效率的影响

4 种渤黄海底层经济鱼类的能量收支及其比较

渤、黄、东海高营养层次重要生物资源种类的营养级研究

黄东海生态系统食物网连续营养谱的建立：来自碳氮稳定同位素方法的结果

渤海生态通道模型初探

东海和黄海主要鱼类的食物竞争

黄渤海部分水生动物的能值测定

东、黄海六种鳗的食性

鲈鱼新陈代谢过程中的碳氮稳定同位素分馏作用

南黄海春季鳀和赤鼻棱鳀的食物竞争

东、黄海鳀鱼的胃排空率及其温度影响

赤鼻棱鳀的摄食与生态转换效率

Eggers 胃含物法测定赤鼻棱鳀的摄食与生态转换效率

不同饵料条件下玉筋鱼摄食、生长和生态转换效率的比较

斑鰶的摄食与生态转换效率

沙氏下鱵幼鱼摄食与生态转换效率的现场测定

小鳞鱵的维持日粮与转换效率

现场胃含物法测定鲐的摄食与生态转换效率

密度对黑鲪生长及能量分配模式的影响

温度对黑鲪能量收支的影响

摄食水平和饵料种类对黑鲪能量收支的影响

不同投饵方式对黑鲪生长的影响

黑鲪的最大摄食率与温度和体重的关系

黑鲪的标准代谢率及其与温度和体重的关系

体重对黑鲪能量收支的影响

黑鲪的生长和生态转换效率及其主要影响因素

黑鲷的生长和生态转换效率及其主要影响因素

温度对真鲷排空率的影响

日粮水平和饵料种类对真鲷能量收支的影响

温度对真鲷能量收支的影响

真鲷在饥饿后恢复生长中的生态转换效率

真鲷的摄食、生长和生态转换效率测定——室内模拟与现场方法的比较

温度对红鳍东方鲀能量收支和生态转化效率的影响

栉孔扇贝的滤食率与同化率

菲律宾蛤仔生理生态学研究Ⅱ. 温度、饵料对同化率的影响

三疣梭子蟹幼蟹的摄食和碳收支

日本蟳能量代谢的研究

三、功能群、群落结构与多样性

东海高营养层次鱼类功能群及其主要种类

黄海生态系统高营养层次生物群落功能群及其主要种类

长江口及邻近海域高营养层次生物群落功能群及其变化

黄海渔业资源生态优势度和多样性的研究

Fish Assemblage Structure in the East China Sea and Southern Yellow Sea during Autumn
    and Spring

渤海鱼类群落结构特征的研究

渤海鱼类群落优势种结构及其种间更替

秋季南黄海网采浮游生物的生物量谱

四、生态系统动态与变化

Decadal-scale Variations of Ecosystem Productivity and Control Mechanisms in the Bohai Sea

Decadal-scale Variations of Trophic Levels at High Trophic Levels in the Yellow Sea and the Bohai Sea Ecosystem

Recruitment, Sustainable Yield and Possible Ecological Consequences of the Sharp Decline of the Anchovy (*Engraulis japonicus*) Stock in the Yellow Sea in the 1990s

Spatial and Temporal Variability of Sea Surface Temperature in the Yellow Sea and East China Sea over the Past 141 Years

Last 150-Year Variability in Japanese Anchovy (*Engraulis japonicus*) Abundance Based on the Anaerobic Sediments of the Yellow Sea Basin in the Western North Pacific

Changes in Fish Species Diversity and Dominant Species Composition in the Yellow Sea

渤海渔业资源结构、数量分布及其变化

Long-term Variations of Temperature and Salinity of the Bohai Sea and Their Influence on Its Ecosystem

Long-term Environmental Changes and the Responses of the Ecosystems in the Bohai Sea During 1960—1996

近海可持续生态系统与全球变化影响——香山科学会议第 305 次学术讨论会

渔业资源优势种类更替与海洋生态系统转型

五、生态系统健康与安全

海洋生态灾害与生态系统安全

绿潮研究现状与问题

海洋酸化："越来越酸的海洋、灾害与效应预测"——香山科学会议第 419 次学术讨论会

海洋酸化及其与海洋生物及生态系统的关系

六、海洋生物技术与分子生态学

海洋生物技术研究发展与展望

21 世纪海洋生物技术研究发展展望

海洋生物技术前沿领域研究进展

海洋生物资源可持续利用的高技术需求

中国近海 8 种石首鱼类的线粒体 16S rRNA 基因序列变异及其分子系统进化

黄海和东海小黄鱼遗传多样性的 RAPD 分析

基于线粒体 *Cyt b* 基因的黄海、东海小黄鱼 (*Larimichthys polyactis*) 群体遗传结构

Molecular Cloning, Expression Analysis of Insulin-like Growth Factor Ⅰ (IGF-Ⅰ) Gene and IGF-Ⅰ Serum Concentration in Female and Male Tongue Sole (*Cynoglossus semilaevis*)

The Co-existence of Two Growth Hormone Receptors and Their Differential Expression Profiles Between Female and Male Tongue Sole (*Cynoglossus semilaevis*)

Polymorphic Microsatellite Loci for Japanese Spanish Mackerel (*Scomberomorus niphonius*)

半滑舌鳎线粒体 DNA 含量测定方法的建立与优化

第二篇　大海洋生态系

一、大海洋生态系研究发展

大海洋生态系研究——一个新的海洋资源保护和管理概念及策略正在发展

Large Marine Ecosystems of the Pacific Rim: Assessment, Sustainability, and Management

Support of Marine Sustainability Science

Suitability of the Large Marine Ecosystem Concept

二、大海洋生态系状况与变化

Changes in the Biomass of the Yellow Sea Ecosystem

Effects of Long-Term Physical and Biological Perturbations on the Contemporary Biomass Yields of the Yellow Sea Ecosystem

Changing States of the Food Resources in the Yellow Sea Large Marine Ecosystem Under Multiple Stressors

Ecology and Variability of Economically Important Pelagic Fishes in the Yellow Sea and Bohai Sea

Acoustic Assessment as an Available Technique for Monitoring the Living Resources of Large Marine Ecosystems

中国区域海洋学——渔业海洋学（摘要）

三、海洋生态系统水平管理

A Global Movement toward an Ecosystem Approach to Management of Marine Resources

The Biomass Yields and Management Challenges for the Yellow Sea Large Marine Ecosystem

Review of Climate Change Effects in the Yellow Sea Large Marine Ecosystem and Adaptive Actions in Ecosystem Based Management

附
录

The Yellow Sea LME and Mitigation Action

下　卷

第三篇　海洋渔业生物学

中国专属经济区生物资源及其环境调查图集（摘要）（1997—2001）

渤海生态环境和生物资源分布图集（摘要）

山东近海渔业资源开发与保护（摘要及第四章）

Review of the Small Pelagic Resources and Their Fisheries in the Chinese Waters

渔业资源监测、渔业资源调查方法

渔业资源评估和监测技术

应用水声探鱼技术评估渔业资源量

多种类海洋渔业资源声学评估技术和方法探讨

Input and Influence to YSFRI by the "Bei Dou" Project

渔业生物资源及其开发利用

中国海洋渔业可持续发展及其高技术需求

四、资源养护与管理模型

我国专属经济区渔业资源增殖战略研究（摘要）

渔业资源增殖、海洋牧场、增殖渔业及其发展定位

关于设立国家水生生物增殖放流节的建议

山东近海魁蚶资源增殖的研究

魁蚶底播增殖的试验研究

渤海莱州湾渔业资源增殖的敌害生物及其对增殖种类的危害

A Family of Ricker SRR Curves of the Prawn (*Penaeus orientalis*) under Different
  Environmental Conditions and Its Enhancement Potential in the Bohai Sea

Estimate of Monthly Mortality and Optimum Fishing Mortality of Bohai Prawn in
  North China

Assessment of the Blue Carb Commercial Fishery in Chesapeake Bay

渤海秋汛对虾开捕期问题的探讨

黄渤海持续渔获量的初步估算

如何实现海洋渔业限额捕捞

现代渔业管理与我国的对策

试论中国古代渔业的可持续管理和可持续生产

Policies, Regulations and Eco-ethical Wisdom Relating to Ancient Chinese Fisheries

五、公海渔业资源调查与远洋渔业

北太平洋狭鳕资源声学评估调查研究

白令海阿留申海盆区狭鳕当年生幼鱼数量分布的调查研究

Summer Distribution and Abundance of Age-0 Walleye Pollock, *Theragra chalcogramma*,
  in the Aleutian Basin

附录

海带养殖在桑沟湾多营养层次综合养殖系统中的生态功能

Phylogenetic Analysis of Bacterial Communities in the Shrimp and Sea Cucumber
　　Aquaculture Environment in Northern China by Culturing and PCR - DGGE

长牡蛎呼吸、排泄及钙化的日节律研究

第五篇　海洋与渔业可持续发展战略研究

一、海洋工程技术强国发展战略

中国海洋工程与科技发展战略研究：综合研究卷（摘要）

海洋工程技术强国战略

海洋强国建设重点工程发展战略（摘要）

主要海洋产业分类与归并

中国海洋工程与科技发展战略研究：海洋生物资源卷（摘要）

蓝色海洋生物资源开发战略研究

南极磷虾渔业发展的工程科技需求

海洋产业培育与发展研究报告（摘要）

高端装备制造产业篇：海洋装备产业

二、环境友好型水产养殖业发展战略

关于促进水产养殖业绿色发展的建议

水产养殖绿色发展咨询研究报告（摘要）

环境友好型水产养殖发展战略：新思路、新任务、新途径（摘要）

Aquaculture in China：Success Stories and Modern Trends（Abstract）

Development Strategies and Prospects - Driving Forces and Sustainable Development of
　　Chinese Aquaculture

中国养殖业可持续发展战略研究：水产养殖卷（摘要）

我国水产养殖业绿色、可持续发展战略与任务

我国水产养殖业绿色、可持续发展保障措施与政策建议

中国水产种业创新驱动发展战略研究报告（摘要）

关于"大力推进盐碱水渔业发展保障国家食物安全、促进生态文明建设"的建议

关于树立大食物观持续健康发展远洋渔业的建议

三、渔业科学与产业发展

渔业和渔业科学知识体系

附
录

附
录

致 谢

编著文集有较长时间的思考，一俟动手准备材料，又发现文集编著是件很繁琐的事，费时费力。例如，一些早期的材料，要花时间去找，具体的时间地点要核查，甚至要从科技档案材料中佐证，还出现了因印刷和纸张质量不佳，文字无法辨别，图表不清等问题，需要费心费神去还原，而论文著作重新编辑后的稿件校对就更烦人了。所以，文集能顺利付印出版是众人劳动和各方面支持的结果。为此，向大家表示由衷的感谢，特别感谢曾晓明、荣小军、张波、冯小花、林群、马玉洁、孙耀、庄志猛、刘志鸿、徐甲坤、常青、刘世禄、冯晓霞、安青菊、范艳君、杨晓萌等为文集出版所付出的辛劳。向支持文集出版的中国工程院、青岛海洋科学与技术试点国家实验室、中国水产科学研究院黄海水产研究所等表示衷心的感谢。

借此机会，还要向中国工程院原常务副院长潘云鹤院士和国家自然科学基金委员会原主任陈宜瑜院士表示特别的感谢，不仅感谢他们为文集书写题

附录

名和作序，同时感谢与潘院士在十年海洋战略咨询研究中建立的友情，感谢陈院士几十年以诚相待的交往。

唐名升

2020 年 4 月

文献资料整理与文集编著收尾，2020 年 4 月 13 日

附录

图书在版编目（CIP）数据

我的科学年表／唐启升撰 . —北京：中国农业出
版社，2021.2
ISBN 978 - 7 - 109 - 27945 - 2

Ⅰ.①我…　Ⅱ.①唐…　Ⅲ.①海洋生态学－研究
Ⅳ.①Q178.53

中国版本图书馆 CIP 数据核字（2021）第 027819 号

中国农业出版社出版

地址：北京市朝阳区麦子店街 18 号楼
邮编：100125
责任编辑：郑　珂　杨晓改
版式设计：王　晨　　责任校对：吴丽婷
印刷：北京通州皇家印刷厂
版次：2021 年 2 月第 1 版
印次：2021 年 2 月北京第 1 次印刷
发行：新华书店北京发行所
开本：787mm×1092mm　1/16
印张：10
字数：150 千字
定价：88.00 元

版权所有·侵权必究

凡购买本社图书，如有印装质量问题，我社负责调换。

服务电话：010 - 59195115　010 - 59194918